材料化学分析实验技术

主　编　沈淑坤

编　者　胡道道　雷志斌　金普军

　　　　王大鹏　万金涛　陈建刚

陕西师范大学出版总社

图书代号　JC22N1118

图书在版编目(CIP)数据

材料化学分析实验技术 / 沈淑坤主编. —西安：陕西师范大学出版总社有限公司，2022.8
ISBN 978-7-5695-2998-2

Ⅰ.①材… Ⅱ.①沈… Ⅲ.①材料科学—化学分析—实验—高等学校—教材 Ⅳ.①TB3-33

中国版本图书馆 CIP 数据核字(2022)第 091330 号

材料化学分析实验技术
CAILIAO HUAXUE FENXI SHIYAN JISHU
沈淑坤　主编

责任编辑	钱　栩	
特约编辑	张晓媛	
责任校对	王东升	
封面设计	金定华	
出版发行	陕西师范大学出版总社	
	（西安市长安南路 199 号　邮编 710062）	
网　址	http://www.snupg.com	
经　销	新华书店	
印　刷	西安市建明工贸有限责任公司	
开　本	787 mm×1092 mm　1/16	
印　张	8.25	
字　数	196 千	
版　次	2022 年 8 月第 1 版	
印　次	2022 年 8 月第 1 次印刷	
书　号	ISBN 978-7-5695-2998-2	
定　价	32.00 元	

读者购书、书店添货或发现印刷装订问题，请与本社高等教育出版中心联系。
电话：(029)85303622(传真)　85307826

前　言

　　在培养材料科学与工程、化学化工、环境、生物工程等专业本科生的过程中,化学分析实验技术是必不可少的专业基础课程。材料化学分析是应用化学方法或物理方法来研究材料的组成、含量和结构等化学信息的分析方法。其主要任务是鉴定材料的化学组成、测定物质有关组分的含量、确定物质的结构(化学结构、晶体结构等)及其与材料性质之间的关系等。具体而言,鉴定材料由哪些元素离子或官能团等(或离子)所组成,称为定性分析;测定材料各组分含量,称为定量分析。材料的化学分析方法可分为经典化学分析和现代仪器分析两部分,前者基本上采用化学方法来达到分析的目的;后者主要采用光谱、电化学、色谱等仪器设备进行分析操作。现代分析仪器发展迅速,已经打破了化学学科的界限,形成了一门新的学科——分析科学。

　　本书来源于陕西师范大学材料科学与工程学院本科生的实验教学讲义。到目前为止,材料化学分析课程已经连续开设五年,任课教师参考国内外相关教材、专著及文献,根据具体教学情况对讲义进行了多次修改。本书遵循从易到难、循序渐进的教学规律对实验内容进行编排,主要包含三部分内容:预备知识、基础实验和拓展实验。预备知识包括认识材料化学分析实验室、基本实验技能、实验测量结果的记录与数据处理、实验报告的撰写。第二部分基础实验包括六个经典化学分析实验、十个基础仪器分析实验，第三部分包括六个拓展实验。整体内容注重基础理论与实践能力相结合，旨在培养学生的基本实验技能和素养及以此为基础的实验创新能力。本书可作为高等院校材料类、化工类、环境工程类、生物工程类等专业本科生的实验教学用书，各学校可以根据自身实验条件和学科特点有选择性地开设实验，亦可供相关人员参考。

本书的编者为长期从事或参与材料化学分析实验技术课程教学的教师，分别有沈淑坤（初稿整理）、胡道道（实验内容筛选）、雷志斌（目录修订）、陈建刚（第一部分第 1 章、第 3 章修订）、金普军（第二部分实验一、二、三、四修订）、王大鹏（第三部分实验十八、十九修订）、万金涛（第二部分实验十六、十七修订）。本书由沈淑坤负责后期统稿和定稿。作为主编，我还要感谢研究生王怡云、董静璇、雷健、安金丽、缑莹，他们对全书进行了校阅。本书得到了陕西师范大学材料科学与工程学院教材建设项目基金资助，并得到了陈新兵、曾京辉、陈沛、王强等教师和卫洪清高级实验师的大力支持与帮助，在此表示感谢。同时，还要感谢陕西师范大学出版总社钱栩编辑给予的帮助。

限于编者的水平，书中难免存在错误和纰漏之处，敬请读者不吝指正。

编　者

2022 年 6 月于陕西师范大学致知楼

C目录
ontents

第一部分 预备知识

第二部分 基础实验

经典化学分析实验

基础仪器分析实验

第三部分　拓展实验

第一部分 | **预备知识**

第1章 认识材料化学分析实验室

材料化学分析实验是为了测试材料的化学组成及其含量而设置的实验课程。教学实验室作为实验室设计和配置等硬件设施以及实验室科学规范管理水平直接影响实验教学的质量和效果。良好实验室规范(GLP, Good Laboratory Practice)自20世纪70年代末以来已成为国际上从事安全性研究和实验研究共同遵循的规范。它不评价试验本身的内在科学价值,实施GLP的实验室试验主要类型是毒性研究、致突变性研究、物理—化学实验、临床化学分析和测试、残留实验等与安全性相关的实验;实施GLP的目的确保实验结果的准确性和可靠性,最重要的是实现实验数据的相互认可。遵循良好实验室规范能够确保研究安全、顺利、有效进行。本章重点介绍常规分析实验室的布局和基本设施,分析化学实验基本安全知识,以利于学生熟悉实验室环境安全顺利地开展后期具体实验。

1.1 实验室布局

在实验之前,实验教师应为学生介绍实验室的基本设施,比如仪器的摆放、实验试剂存放、水电门窗位置等。同时要重点强调分析化学实验基本安全知识和药品使用安全规则。为了强化学生自主学习效果,可要求学生利用CAD绘图软件或者手绘制作一张分析实验室的平面布局图,主要包括各种仪器的摆放位置、电源控制开关位置、水槽位置、通风橱位置、安全防护设施所在位置等,以利于学生熟悉实验室的布局,安全顺利地开展实验。

以陕西师范大学材料科学与工程学院材料化学分析实验室为例,实验室布局如图1-1所示:

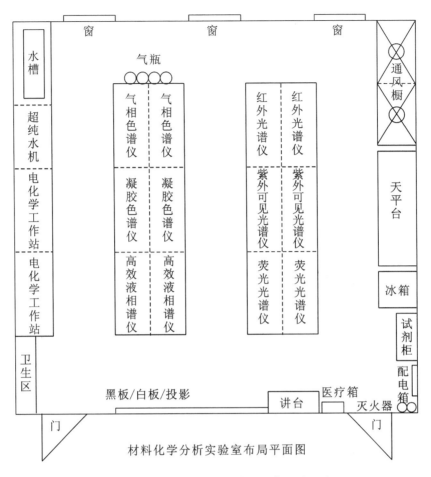

材料化学分析实验室布局平面图

图1-1 材料化学分析的实验室布局平面图

1.2 化学分析实验基本安全知识

作为科研工作者,需要不断提高安全意识,掌握安全知识,预防安全事故发生。具体而言:

(1)课前应认真预习,明确实验目的和要求,了解实验的内容、方法和基本原理,撰写实验预习报告。进入实验室,熟悉总电源,急救器材(灭火器、消防栓、急救药品)的位置及使用方法。

(2)实验时应遵守操作规则。注意安全、爱护仪器、节约试剂。规范使用化学药品。

(3)实验室中应穿实验工作服,严禁抽烟、吃食物。遵守纪律、不迟到、不早退、保持室内安静,不要大声谈笑。

(4)实验中要认真操作,听从教师的指导,按照实验教材所规定的步骤和一起及试剂的规格和用量进行实验。仔细观察各种现象,将实验中的现象和数据及时并如实地记在报告本上。根据原始记录,认真地分析问题、处理数据,写出实验报告。

(5)实验过程中,随时注意保持实验台面的整洁。保持实验室良好通风。火柴、纸张和废品只能丢入废物缸内。

(6)实验完毕后,将玻璃容器洗净,公用设备放回原处,把实验台和药品架整理干净,安排轮流清扫实验室。最后检查门、窗、水、电、煤气是否关好。

(7)实验室内所有仪器、药品及其他用品,未经允许一律不许带出室外。

1.3 药品使用安全规则

严格按所规定的药品剂量进行实验,不得随意改动,以免影响实验效果,甚至导致实验事故的发生。

1. 在量取药品时应注意的事项

(1)用滴管或移液管吸取液体药品时,滴管一定要洁净,以免污染药品。

(2)固体药品应用洁净、干燥的药匙取用,用后应将药匙擦拭干净,专匙专用。

(3)量取药品时,如若过量,其过量部分可供他人使用,不可随意丢弃,更不可倒入原试剂瓶中,以免污染药品。

(4)为防止一些腐蚀性酸液和药品通过皮肤进入体内,应该避免药品与皮肤的接触。在进行实验室常规性工作时,带上橡胶手套或塑料手套,可以减少药品与皮肤的接触危险。当使用一些腐蚀性或有毒性的药品时,必须戴上橡胶手套。

(5)取完药品后应立即盖好瓶盖,放回原处。

(6)公用药品必须在指定地点使用,不可挪为己用。

2. 常见危险品使用时应注意的事项

(1)使用酒精、乙醚、丙酮等易挥发和易燃物质时,要远离火源。

(2)有毒或有刺激性气体的实验,要在通风橱内进行。

(3)使用浓硫酸、浓硝酸、浓碱、洗液、氢氟酸及其他有强烈腐蚀性的液体时,要十分小心,切勿溅在衣服、皮肤,尤其是眼睛上。稀释浓硫酸时,必须将浓硫酸缓慢地倒入盛有水的容器中并不断搅,绝不能把水倒入浓硫酸中,以免迸溅。

(4)进行可能产生有毒或腐蚀性气体的实验时,应在通风橱内操作,实验开始后不得把头伸入通风橱内。

3. 中毒的处理

(1)口服中毒:毒物溅入口中应立即吐出,并用大量水冲洗口腔。若已吞下,应根据毒物性质给以解毒剂,并立即送医院治疗。强酸中毒可服用氢氧化铝膏、鸡蛋清;强碱中毒则服用醋、酸果汁、鸡蛋清。不论酸或碱中毒皆须再灌注牛奶,不能服用呕吐剂。

(2)刺激性及神经性中毒:先服用牛奶或鸡蛋清使之冲淡和缓解,再服用硫酸镁溶液催吐。有时也可用手指伸入喉部促使呕吐,然后送医院治疗。

(3)吸入性中毒:松开中毒者衣领和腰带,使其仰卧并头部后仰,保持呼吸通畅。迅速脱离中毒现场并转移至室外,向上风向转移至新鲜空气处。对休克者,立即送医院急救。

(4)眼部中毒:保持睁眼状态,用洗眼器或大量水冲出眼中化学品,或将面部浸入水中,重复做眨眼动作。

第2章 基本实验技能

材料化学分析实验室经常使用量取仪器和称量仪器,本章重点介绍化学分析中所用玻璃仪器的清洗与干燥,常见玻璃仪器包括滴定管、锥形瓶、容量瓶和移液管或吸量管的使用,现代实验室常用的移液枪的操作,常用称量仪器——分析天平的使用等基本实验技能。

2.1 材料化学分析中所用玻璃仪器的清洗与干燥

2.1.1 滴定分析中的常用玻璃仪器

在材料化学分析的基本滴定操作中,最常使用的玻璃仪器主要是滴定管、锥形瓶、容量瓶和移液管或吸量管,另外天平称量中用到称量瓶,还经常使用烧杯和量筒。

1. 普通玻璃仪器

普通玻璃仪器包括仪器烧杯、量筒或量杯、称量瓶、锥形瓶。烧杯主要用于配制溶液、溶解试样,也可作为较大量试剂的反应器。有些烧杯带有刻度,其可置于石棉网上加热,但不允许干烧。常用烧杯有 10 mL、15 mL、25 mL、50 mL、100 mL、250 mL、500 mL、1000 mL、2000 mL 等规格。量筒、量杯常用于粗略量取液体体积,不能加热,也不能量取过热的液体。注意量筒或量杯中不能配制溶液或进行化学反应。常用量筒、量杯有 5 mL、10 mL、25 mL、50 mL、100 mL、250 mL、500 mL、1000 mL 等规格。称量瓶是带磨口塞的圆柱形玻璃瓶(图 2-1),有扁形和筒形两种。前者常用于测定水分、干燥失重及烘干基准物质;后者常用于称量基准物质、试样等,而且可用于易潮和易吸收 CO_2 的试样的称量。锥形瓶是纵剖面为三角形的滴定反应器。口小、底大,有利于滴定过程中振摇充分,反应充分而液体不易溅出。锥形瓶可在石棉网上加热,一般在常量分析中所用的规格为 250 mL,是滴定分析中必不可少的玻璃仪器。在碘量法滴定分析中常用一种带磨口塞、水封槽的特殊锥形瓶,称碘量瓶(图 2-2)。使用碘量瓶可减小碘的挥发而引起的测定误差。

图2-1 称量瓶   图2-2 碘量瓶

2.容量分析仪器

滴定管、容量瓶、移液管和吸量管是滴定分析中准确测量溶液体积的容量分析仪器。溶液体积测量准确与否将直接影响滴定结果的准确度。通常体积测量的相对误差比天平称量要大,而滴定分析结果的准确度是由误差最大的因素决定的,因此,准确测量溶液体积显得尤为重要。在滴定分析中,容量分析仪器分为量入式和量出式两种。常见的量入式容量分析仪器(标有 In)有容量瓶,用于测量容器中所容纳的液体体积,该体积称为标称体积;常见的量出式容量分析仪器(标有 Ex)有滴定管、移液管和吸量管,用于测量从容器中排(放)出的液体体积,称为标称容量。

(1)滴定管

滴定管是管身细长、内径均匀、刻有均匀刻度线的玻璃管,管的下端有一玻璃尖嘴(图2-3),通过玻璃旋塞或乳胶管连接,用以控制液体流出滴定管的速度。常量分析所用的滴定管有25 mL、50 mL 两种规格;半微量分析和微量分析中所用的滴定管有10 mL、5 mL、2 mL、1 mL 等规格,本书介绍的滴定管的标称容量为50 mL,其最小刻度为0.1 mL,读数时可估计到0.01 mL。滴定管有酸式滴定管和碱式滴定管两种。酸式滴定管下端有玻璃旋塞,用于装酸性溶液和氧化性溶液,不宜装碱性溶液。碱式滴定管下端连接一段乳胶管,管内有一粒大小合适的玻璃珠,以控制溶液的流出,遇长时间不用碱式滴定管会导致乳胶管老化,弹性下降,需及时更换乳胶管,乳胶管下端连接一尖嘴玻璃管。碱式滴定管只能装碱性溶液,不能装酸性或氧化性溶液,以免乳胶管被腐蚀。

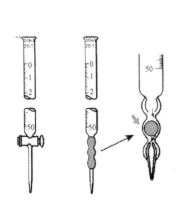
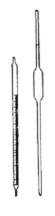

图2-3 酸碱滴定管   图2-4 移液管和吸量管

（2）移液管和吸量管

移液管和吸量管是用于准确移取一定体积液体的量出式容量分析仪器,如图 2 - 4 所示。移液管中间部分膨大,管颈上部有一环形刻线,膨大部分标有容积、温度、Ex、"快"或"吹"等字样,俗称大肚移液管,正规名称为"单标线吸量管"。常用的移液管有 5 mL、10 mL、25 mL、50 mL 等规格。其精密度一般高于"分刻度吸量管"。

吸量管具有分刻度,正规名称为"分刻度吸量管"。管上同样标有容积、温度等字样。吸量管常用于移取所需的不同体积液体,常用的吸量管有 1 mL、2 mL、5 mL、10 mL 等规格。

移液管和吸量管分"快流式"和"吹式"两种。前者管上标有"快"字样,在标明温度下,调节溶液凹液面与刻线相切,再让溶液自然流出,并让移液管尖嘴在接受溶液的容器内壁靠 15 s 左右,则溶液体积为管上所标示的容积。这时我们会发现移液管和吸量管的尖嘴还留有少量溶液,不必将此残留溶液吹出,因为少量溶液已在仪器校正过程中得以校正。而后者正好相反,管上标有"吹"字样,使用时需要将最后残留在尖嘴的少量溶液全部吹出。移液管和吸量管均属精密容量仪器,不得放在烘箱中加热烘烤。

（3）容量瓶

容量瓶是一种细颈梨形的平底玻璃瓶,常带有磨口塞或塑料塞。颈上有标线,瓶上标有容积、温度、In 等字样,表示容量瓶是量入式容量分析仪器,在标明温度下,当溶液凹液面下沿与标线相切时,溶液体积与标示体积相等。容量瓶一般用来配制标准溶液、试样溶液和定量稀释溶液。常用的容量瓶有 5 mL、10 mL、25 mL、50 mL、100 mL、250 mL、500 mL 等规格(图 2 - 5)。

容量瓶主要用于配制准确浓度的标准溶液或逐级稀释标准溶液,常和移液管配合使用,可将配成溶液的物质分成若干等分。但不能长久储存溶液,尤其是碱性溶液,不然会导致磨口瓶塞无法打开。

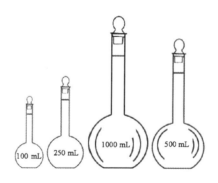

图 2 - 5　不同规格的容量瓶

2.1.2　常用玻璃器皿的洗涤

在进行化学实验之前,洗涤玻璃仪器是一项最基本的操作,由于定量分析用仪器清洗的洁净程度直接关系测定结果的准确度和精密度,因此不同实验要求对玻璃仪器的洁净程度要求也不一样。在化学分析实验中,常用的毛刷刷洗和用去污粉刷洗的操作并不推荐出现在化学分析的洗涤操作中,如玻璃器皿的内壁玷污严重,一般多为采用铬酸洗液浸泡的方式完成玻璃仪器的洗涤,具体操作如下:

(1)取实验室用铬酸洗液试剂瓶(组成为重铬酸钾和浓硫酸,铬酸洗液腐蚀性极强,使用时必须非常小心,不要将铬酸洗液溅于裸露的皮肤之上)。一只手握住铬酸洗液试剂瓶,将标签向着手心,沿器皿瓶口将铬酸洗液倾倒入玻璃器皿中,大约体积三分之一时停止,轻轻旋转并倾斜玻璃器皿,使铬酸洗液比较均匀的浸润玻璃器皿的内壁。根据玻璃器皿的玷污程度决定铬酸洗液浸泡时间,如果器皿玷污严重,可适当延长浸泡时间,也可将器皿充满铬酸洗液,长时间浸泡,或者将铬酸洗液稍许加热,起到更好的洗涤效果。

(2)浸泡完毕将铬酸洗液回收至试剂原瓶中,用自来水洗涤三遍,洗涤过程与铬酸洗液相同,每次洗涤仅适用约玻璃器皿的三分之一体积的水即可。

(3)再用一次去离子水洗涤三遍,洗涤过程与上相同。

(4)根据玻璃器皿洁净程度的要求,还可用去离子水将玻璃器皿接着洗涤三次。

用以上方法洗涤后,经自来水冲洗干净的仪器上不应留有 Ca^{2+}、Mg^{2+}、Cl^- 等离子。使用蒸馏水的目的只是为了洗去附在仪器壁上的自来水,应符合少量(每次用量少)、多次(一般洗 3~4 次)的原则。

洗净的仪器壁上不应附着不溶物、油污。把仪器倒转过来,水即顺器壁流下,器壁上只留下一层既薄又均匀的水膜,不挂水珠,这表示仪器已洗干净。不能用布或纸擦拭已洗净的容器,因为布和纸的纤维会留在器壁上弄脏仪器。

2.1.3 常用玻璃器皿的干燥

洗净的玻璃仪器可用以下方法干燥:

(1)烘干。洗净的一般容器可以放入恒温箱内烘干,放置容器时应注意平放或使容器口朝下。

(2)烤干。烧杯或蒸发皿可置于石棉网上用火烤干。

(3)晾干。洗净的容器可倒置于干净的实验柜内或容器架上晾干。

(4)吹干。可用吹风机将容器吹干。

(5)用有机溶剂干燥。加一些易挥发的有机溶剂(如乙醇或丙酮)到洗净的仪器中,将容器倾斜转动,使器壁上的水和有机溶剂互相溶解、混合,然后倾出有机溶剂,少量残留在仪器中的溶剂很快挥发,而使容器干燥,如用吹风机往仪器内吹风,则干得更快。

(6)带有刻度的容器不能用加热的方法进行干燥,加热会影响这些容器的准确度。

在材料化学分析基本定量分析实验中,所有使用的玻璃器皿都不需要特别的烘干操作,自然晾干即可。另外,材料化学分析中所用玻璃器皿也可以采用硝酸溶液浸泡洗涤的方法,所使用的硝酸溶液可用浓硝酸配制得到,一般可使用1:3的硝酸溶液,将待洗涤的玻璃器皿先用自来水和去离子水冲洗后浸泡于大浓度的硝酸溶液中,使用前将玻璃器皿取出,用自来水和去离子水分别洗涤三次后使用。

2.2 滴定管的使用

2.2.1 滴定管的操作

1.使用前准备

(1)酸式滴定管。首先检查旋塞转动是否灵活,与旋塞套是否配套,然后检查是否漏水,称为试漏。试漏的具体方法是将旋塞关闭,在滴定管中装满自来水至零刻度线以上,静止 2 min,用干燥的滤纸检查尖嘴和旋塞两端是否有水渗出;将旋塞旋转180°,再静置 2 min,再次检查是否有水渗出。若不漏水且旋塞转动灵活,即可使用,否则应该在旋塞和旋塞套上再次均匀涂抹凡士林。

涂凡士林是酸式滴定管使用过程中一项重要而基本的操作,先将旋塞套头上的橡皮套取下,将滴定管的旋塞拔出,用滤纸将旋塞和旋塞槽内的凡士林全部擦干净,然后手指蘸取少许凡士林涂于旋塞孔的两侧(图 2-6a),并使其成为一均匀的薄层,注意在靠近旋塞孔位置的中间一圈不涂凡士林,以免凡士林堵塞旋塞孔,将涂好凡士林的旋塞按照与滴定管平行方向插入旋塞套中,按紧,然后向同一方向连续旋转旋塞(图 2-6b),直至旋塞上的凡士林成均匀透明的膜。若凡士林涂得不够,会出现旋塞转动不灵活或者明显看到旋塞套上出现纹路;若凡士林涂得太多,则会有凡士林从旋塞槽两侧挤出的现象。若出现上述情况,都必须将旋塞和旋塞槽擦拭干净后重新涂凡士林。凡士林涂抹完成后为防止滴定过程中旋塞从旋塞套上脱落的现象,必须在旋塞套的小头部分套上一个小橡皮套,在套橡皮套时,要用手指顶住旋塞柄,以防旋塞松动。整个操作进行完后还要重新检查滴定管的漏水情况。

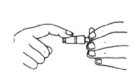 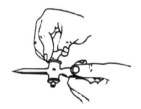

a 旋塞涂凡士林　　　　　b 插入旋塞向同一方向旋转

图 2-6 涂凡士林

（2）碱式滴定管。先在碱式滴定管中装满水至零刻度线以上，观察尖嘴处是否有水滴渗出。若滴定管尖有水漏出，可能原因就是橡皮管老化或者是玻璃珠过小导致漏液。因此更换老化的橡皮管，同时选择合适的玻璃珠是排除碱式滴定管漏水的方法。

检漏进行完后，洗涤滴定管是滴定管准备过程中的重要环节，一般用铬酸洗液洗涤，先将酸式滴定管中水沥干，倒入 10 mL 左右铬酸洗液（碱式滴定管应先卸下乳胶管和尖嘴，套上一个稍微老化不能使用的乳胶管，再倒入洗液，在小烧杯中用洗液浸泡尖嘴和玻璃珠），双手手心朝上慢慢倾斜，尽量放平管身，并旋转滴定管，使洗液浸润整个滴定管内壁，然后将洗液放回洗液瓶中。若滴定管玷污严重，可装满洗液浸泡或用温热的洗液浸泡，尤其是酸式滴定管尖嘴中有凡士林时，应用热水或者热洗液浸泡洗涤（必须等冷却后，再用水洗）。然后分别用自来水、去离子水分别洗涤三次，洗涤时应遵循少量多次原则。

2. 标准溶液的装入

为了保证装入滴定管的标准溶液不被稀释，需要用该种标准溶液润洗滴定管两次或者三次，每次用 5～10 mL 标准溶液。润洗方法同于铬酸洗液洗涤滴定管，洗涤完毕的溶液从下管口放出。注意标准溶液应从试剂瓶、容量瓶等直接倒入滴定管，不借助于任何烧杯及漏斗等中间容器，以免标准溶液的浓度改变。

标准溶液润洗进行完后，从滴定管的上管口直接加入标准溶液至零刻度线以上，装满后，检查滴定管尖嘴内是否有气泡，若有气泡，应将气泡排出，否则将造成测量误差。酸式滴定管排气泡的方法是装满标准溶液后迅速打开旋塞，使溶液快速冲出将气泡带出，同时可以轻轻抖动滴定管管身，保证气泡快速冲出。而对于碱式滴定管，应用左手拿住滴定管上端，左手的拇指和食指轻轻捏挤玻璃珠外侧的橡皮管，同时将尖嘴上翘，溶液慢慢流出时将气泡带走（图 2-7）。注意捏挤橡胶管外侧时不要用力过大，以防止气泡重新进入滴定管中。同时由于溶液有一定的滑腻感，捏挤橡胶管时注意不要上下移动玻璃珠的位置，防止漏液。

图 2-7　碱式滴定管排气泡

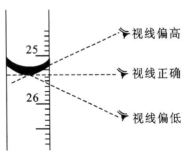

图 2-8　读数

3. 滴定管的读数

滴定管的读数误差是滴定分析的主要误差来源之一。每一个滴定数据的获得,都需经过两次读数,即起始或者零点读数以及滴定结束时的读数。排除气泡后,使标准溶液的液面在滴定管"0"刻线以上,仔细调节液面至"0"刻线,并记录零点 0.00 mL;也可调液面在"0"刻线以下作为零点(一般在 1.00 mL 范围内),但要记录其实际体积,如 0.28 mL等。读数时应注意:

(1)读数前应等待 0.5 ~ 1 min,使附着在滴定管内壁的标准溶液完全流下,液面稳定不变。

(2)读数时应将滴定管从滴定管架上取下,用拇指和食指握住滴定管上部,使滴定管悬垂。因为在滴定管架上不能确保滴定管处于垂直状态而造成读数误差。

(3)无色和浅色溶液将有清晰的凹液面,读数时应保持视线与凹液面的最低点相切。视线偏高(俯视)将使读数偏小,视线偏低(仰视)将使读数偏大。颜色较深的溶液(如 $KMnO_4$、I_2 等)无法清晰辨认凹液面,读数时,应读取溶液上沿(图 2 - 8)。

(4)使用"蓝带"滴定管时,此时凹液面中间被打断,两边凹液面交在蓝线上的交点即为读数。

(5)每次读数前均应检查尖嘴是否有气泡,是否有液滴悬挂在尖嘴,并根据滴定管的精密程度准确读数至 ×.×× mL。

(6)由于滴定管的刻度不绝对均匀,因此为减小滴定误差,每一次滴定做完应该把滴定管加满后重新开始第二次滴定,保证使用滴定管的相同部位进行读数,这样可以消除因刻度不均匀而引起的误差。

4. 滴定操作

先将装好标准溶液并调好"零点"的(记录起始读数)滴定管垂直地夹在滴定管架上,下面的滴定台应该是白色台面,使滴定过程中的颜色变化更容易观察。滴定开始之前,必须调整好滴定管和滴定台的高度、滴定台和锥形瓶的高度。首先滴定台的前沿需要距离桌面的前沿 10 ~ 15 cm,滴定的时候锥形瓶的瓶底应该距离下面的滴定台白台面 2 ~ 3 cm高,滴定管的管尖在滴定时应伸入锥形瓶的瓶口 1 ~ 2 cm 比较合适。滴定时,必须左手操作滴定管,右手握住锥形瓶并不断摇动。

使用酸式滴定管时,其手部的动作应该称为"反扣法",将活塞套的旋塞部分冲外,用左手控制滴定管的旋塞,大拇指在前,食指及中指在后握住旋塞,无名指和小拇指弯曲靠在尖嘴上。在凡士林涂抹合适的情况下转动活塞时,稍微向手心使劲,这是为了防止滴定过程中旋塞从旋塞套中脱落,并注意手掌不要顶住旋塞,在滴定过程中左手不能离开旋塞(图 2 - 9)。

图2-9 酸式滴定管的操作　　　图2-10 碱式滴定管的操作

使用碱式滴定管时,左手大拇指在前,食指在后,另三指固定尖嘴,中指和无名指夹住管尖,用手指指尖挤压玻璃珠上半部分右侧乳胶管,使乳胶管内壁和玻璃珠之间形成一条细小的缝隙,溶液即可流出(图2-10)。注意在挤压玻璃珠时不要挤压玻璃珠的中部,也不要挤压玻璃珠下部乳胶管,以免空气进入尖嘴,造成滴定体积测量误差。

摇动锥形瓶时,右手大拇指在前,食指和中指在后,无名指和小拇指自然微曲靠在锥形瓶前侧,手腕放松,保持锥形瓶瓶口水平;同时也可以使大拇指处于锥形瓶一侧在前,四个手指在后握住锥形瓶。滴定时使滴定管尖嘴伸入锥形瓶1~2 cm为宜,边滴定边摇动锥形瓶,摇动锥形瓶时尽量抖动手腕,使锥形瓶里的溶液应向同一方向做圆周运动(常以顺时针为宜)。不要摇动幅度过大,也不要左右振荡,谨防溶液溅出,如果有溶液溅出的情况应进行重新滴定。

滴定速度将直接影响滴定终点的观察和判断,一般情况下,滴定开始时,滴定速度可适当地快一点,其滴定的快慢程度可以用"见滴成线"来说明,但不能使滴定剂成液流线型流出。滴定时,仔细观察滴定剂滴入点周围的颜色变化,若颜色变化越来越慢则必须放慢滴定速度,需逐滴地滴加滴定剂,滴一滴,摇一摇,直至一滴溶液加入后振摇几下后颜色才变化回去,此时应半滴半滴地滴加,当溶液颜色有明显变化且半分钟内不褪时,即告到达终点,停止滴定。

控制半滴的操作是微微旋转旋塞或稍稍挤压玻璃珠上部乳胶管,使滴定剂慢慢流出,并有半滴溶液悬挂在尖嘴口,将尖嘴小心伸入锥形瓶,使半滴溶液靠在锥形瓶内壁上,然后慢慢倾斜锥形瓶,使锥形瓶中的溶液将该半滴滴定剂顺入其中,或用洗瓶以去离子水吹洗冲下;或者直接用洗瓶将半滴溶液吹入锥形瓶中,少量的锥形瓶吹洗不会影响测定的实验误差。

2.3 移液管和吸量管的操作

移液管和吸量管都是可以准确移取一定体积溶液的量器,但是两者从外观上有差别,移液管是一根中部膨大的细长玻璃管,上有一环形标线,只能移取一个准确体积的溶液;吸量管是具有分刻度线的玻璃管,可准确移取小于最大体积的不同体积溶液。使用移液管和吸量管时,一般用右手拿移液管(吸量管),左手拿洗耳球。右手大拇指和中指拿住移液管(吸量管)刻线以上处,食指在管口上方(注意这里坚决不能使用大拇指),随时准备按住管口,另外两指辅助拿住移液管(吸量管)(图2-11)。

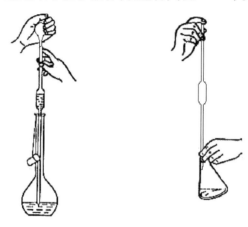

图2-11 用移液管吸取(左)和放出(右)溶液

2.3.1 洗涤

分析化学中所用的玻璃器皿洗涤方式同样使用于移液,管和吸量管的洗涤。移液管和吸量管的洗涤。移液管和吸量管可以吸取少量铬酸洗液洗涤,也可以将移液管和吸量管浸泡在用500 mL或1000 mL量筒装的铬酸洗液中洗涤。待铬酸洗液沥干后,分别用自来水、去离子水顺序洗涤,使用前,用滤纸将移液管或吸量管外壁水分擦干,并将尖嘴残留的水吸尽,然后用待吸取的溶液润洗三次,以除去管内残留的水分。

移液管的润洗方法是:用洗耳球吸取溶液进入移液管大概$\frac{1}{3}$体积处,一般刚好进入大肚移液管的膨胀部分,迅速用右手食指按住管口(尽量不让吸入的溶液回流而稀释所移取溶液)。然后取出移液管,并将管慢慢倾斜,双手托住移液管两端,转动移液管使溶液浸润整个移液管内壁(注意:管口处可放置一个烧杯),当溶液流至管口附近时,再慢慢将移液管直立起来,使溶液从尖嘴排出。对于25 mL移液管,可以使用5~10 mL溶液润洗2~3次。

2.3.2　移取溶液

将移液管插入液面以下 1 ~ 2 cm 处,插入太浅易出现吸空,插入太深会使管外壁黏附太多的溶液,影响移取溶液的准确度;如果是移取容量瓶中的溶液,则应该将移液管插入到容量瓶的大肚部位处。左手将洗耳球中的空气先挤掉,然后将洗耳球尖嘴接在移液管口,慢慢松开左手,让溶液吸入移液管内,为防止吸空,移液管应随液面而下降。当移液管中液面上升至刻线以上时,迅速移开洗耳球并用右手食指按住管口,保持移液管垂直,尖嘴紧贴在原容器内壁,稍稍松动食指并轻轻来回转动移液管,使液面缓慢下降至凹液面的最低点与刻度线相切后将移液管靠在内壁上旋转 3 圈后取出移液管,用事先准备的滤纸片擦干移液管下端外壁所黏附溶液,此时管尖不得有气泡,也不得有液滴悬挂。将移液管垂直置于接受溶液的容器(如锥形瓶)中,尖嘴紧贴容器壁,左手拿接受容器并使其倾斜成 45°。放松食指,使溶液自由流出,待溶液全部流出再等 10 ~ 15 s 后,将移液管自转 3 圈后取出移液管。

吸量管的使用与移液管基本相同,应注意的是吸量管的准确度不及移液管,最好不要用于标准溶液;在平行实验中,应尽量使用同一支吸量管的同一段,并尽量避免使用末端收缩部分。

2.4　容量瓶的操作

2.4.1　检漏

使用前,先检查是否漏水。检漏方法:装入自来水至标线附近,盖好瓶塞,左手拿住瓶颈以上部分并用食指按住瓶塞,右手手指托住瓶底边缘,倒立 1 min,观察瓶塞周围是否有水渗出,若不漏,将瓶直立,转动瓶塞 180°,再倒立试漏 1 min,若不漏水,即可使用。同时注意瓶塞和瓶颈之间要套上橡皮筋,防止瓶塞脱落并打坏瓶塞。

2.4.2　洗涤

容量瓶与其他容量分析仪器相同,需先用铬酸洗液洗涤,然后依次用自来水、去离子水洗涤 3 遍后使用。

2.4.3　使用

容量瓶使用前应先洗净。若用固体配制溶液,先将准确称量的固体物质在烧杯中溶解,然后再将溶液转移到容量瓶中,转移时,一手(常为右手)拿玻棒,将其伸入容量瓶口,一端轻靠瓶口内壁并倾斜;另一手拿烧杯,使烧杯嘴紧贴玻棒,慢慢倾斜烧杯,使溶液沿玻棒流下,溶液全部流完后,将烧杯轻轻沿玻棒上提,同时将烧杯直立,使附着在玻棒与烧杯嘴之间的溶液流回烧杯或沿玻棒下流(图 2 - 12)。注意不能直接将烧杯从玻棒处拿开,否则,残留在玻棒和烧杯嘴中间的液滴可能损失。然后用去离子水洗涤烧杯 3 ~ 4 次,每次洗涤液一并转入容量瓶中。当至容量瓶容积的 $\frac{2}{3}$ 时,摇动容量瓶使溶液混匀,此时不能盖上瓶塞将容量瓶倒转。继续加去离子水至接近标线 1 ~ 2 cm 时等待 12 min,使瓶颈内壁的溶液流下。用滴管或洗瓶慢慢滴加,直至溶液的弯月面与标线相切为止。最后,盖上瓶塞,左手握住瓶颈,左手食指按住瓶塞,右手托住瓶底,反复倒转并摇动(图 2 - 13)。容量瓶直立后,可以发现此时溶液凹液面在标线以下,属正常现象,是溶液渗入磨口与瓶塞缝隙中引起的,不必再加水至刻线。

若是稀释溶液,则用移液管吸取一定体积的溶液于容量瓶中,直接加去离子水稀释至刻度,具体操作同上。

 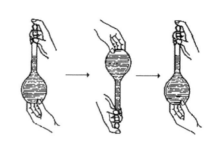

图 2 - 12　定量转移溶液　　　　　图 2 - 13　容量瓶混匀

热溶液应冷却至室温后再定容,否则将造成误差;需避光保存的溶液应使用棕色容量瓶。若试剂需要长期保存,应转入试剂瓶中保存。当容量瓶长期不用时,应将其洗净,并在磨口与瓶塞间垫一张滤纸片,以防瓶塞黏合,难以打开。

2.5　移液枪的操作

移液枪(pipette)即微量加样器(图 2 - 14),由德国生理化学研究所的科学家 Schnitger 于 1956 年发明,其后,在 1958 年德国公司开始生产按钮式微量加样器,成为世界上第一家生产微量加样器的公司。这些微量加样器的吸液范围在 1 ~ 1000 μL 之间,在进行分析测试方面的研究时,一般采用移液枪量取少量或微量的液体。

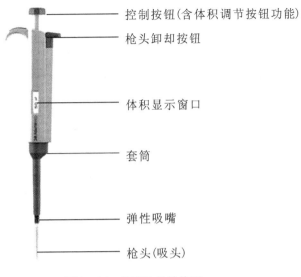

控制按钮(含体积调节按钮功能)

枪头卸却按钮

体积显示窗口

套筒

弹性吸嘴

枪头(吸头)

图2-14 移液枪及结构图

2.5.1 设定体积

在设定体积时,如果要从大体积调为小体积,则按照正常的调节方法,顺时针旋转旋钮即可;但如果要从小体积调为大体积,则可先逆时针旋转刻度旋钮至超过量程的刻度,再回调至设定体积,这样可以保证量取的最高精确度。

在该过程中,不要将按钮旋出量程,否则会卡住内部机械装置而损坏了移液枪。

2.5.2 使用

1.装枪头

将移液枪端垂直插入吸头(依移液枪的型号选择一支合适的吸嘴安放在移液枪套筒上),左右微微转动,上紧即可。

当装上一个新吸嘴(或改变吸取的容量值)时应预洗吸嘴,先吸入一次液样并将之排回原容器中。预洗吸嘴会使吸头内壁吸附一层液体,使表面吸附达到饱和,然后再吸入样液时打出液体的体积会很精确。

表2-1 不同量程移液枪吸嘴浸入液体深度表

移液枪量程	吸嘴浸入深度
0.5~10 μL	≤ 1 mm
2~20 μL	2~3 mm
2~200 μL	2~3 mm
100~1000 μL	2~3 mm

2. 吸液

压住控制按钮,垂直握持移液枪,使吸嘴浸入液样中(浸入液体深度视型号而定见表 2-1),而后缓慢、平稳地松开按钮,吸上液样。吸上液样后等一秒钟,然后将吸嘴提离液面,随后观察是否有液滴缓慢地流出。若有流出,说明有漏气现象。漏气现象的原因:枪头未上紧;移液枪内部气密性不好。最后用滤纸抹去吸嘴外面可能附着的液滴,小心勿触及吸嘴口。

3. 放液

首先将吸嘴口贴到容器内壁并保持 10°~40°倾斜,平稳地把按钮压到一档,停约一秒钟后压到二档,排出剩余液体(当排放致密或黏稠液体时,压到一档后,多等一两秒钟,再压到二档),然后压住按钮的同时提起移液枪,使吸嘴贴着容器壁擦过后松开按钮,最后按弹射器除去移液嘴(只有改用不同液体时才需更换吸嘴)。

4. 使用完毕

移液枪长时间不用时建议将刻度调至最大量程,让弹簧恢复原形,延长移液枪的使用寿命。

2.5.3 注意事项

(1)移液枪不得移取有腐蚀性的溶液,如强酸、强碱等。

(2)如有液体进入枪体,应及时擦干。

(3)定期对移液枪进行校准。

(4)对于密度低于水的液体,可将容量计的读数调到低于所需值来进行补偿。对于密度高于水的液体,可将容量计的读数调到高于所需值来进行补偿。排放致密或黏稠液体时,宜在第一停点多等一两秒钟再压到第二停点。

(5)为防止液体进入移液枪套筒内。

①压放按钮时保持平稳。

②移液枪不得倒转。

③吸嘴中有液体时不可将移液枪平放。

(6)发现吸液时有气泡:将液体排回原容器;检查吸嘴浸入液体是否合适;更慢地吸入液体;如仍有气泡应更换吸嘴。

2.6 分析天平的使用

2.6.1 天平的构造及工作原理

1.托盘天平

托盘天平是实验室粗称药品和物品不可缺少的称量仪器,其最大称量(最小准称量)为 1000 g(1 g)、500 g(0.5 g)、200 g(0.2 g)、100 g(0.1 g)。

托盘天平构造如图 2-15 所示,通常横梁架在底座上,横梁中部有指针与刻度盘相对,据指针在刻度盘上左右摆动情况,判断天平是否平衡,并给出称量量。横梁左右两边上边各有一秤盘,用来放置试样(左)和砝码(右)。

图 2-15 托盘天平

由天平构造显而易见其工作原理是杠杆原理,横梁平衡时力矩相等,若两臂长相等则砝码质量就与试样质量相等。

2.分析天平

分析天平是指具有较高灵敏度、最大称量量在 200 g 以下的精密天平。常见的一类精密天平是无光学读数装置的空气阻尼天平,也称普通标牌天平;另一类是具有光学读数装置的等臂、不等臂电光天平,也称为微分标牌天平。其称量加砝码方式又分为全自动机械加码和半自动机械加码两种。现以实验室常用的半自动机械加码等臂天平为例,介绍分析天平的原理、结构和使用方法。

(1)天平的称量原理和分级

半自动机械加码天平是根据杠杆原理设计制造的。我国通常以天平的标牌分度值(或称名义分度值)与其最大载荷之比值划分天平的精度(标牌分度值与最大载荷之比)等级。天平的精度共分为十级,见表 2-2。

表 2-2 天平的精度与级别

天平级别	1	2	3	4	5	6	7	8	9	10
精度	1×10^{-7}	2×10^{-7}	5×10^{-7}	1×10^{-6}	2×10^{-6}	5×10^{-6}	1×10^{-5}	2×10^{-5}	5×10^{-5}	1×10^{-4}

(2)天平的构造

等臂半自动机械加码电光天平是实验室常用天平。图 2-16 是它的正面图,其主要部件如下:

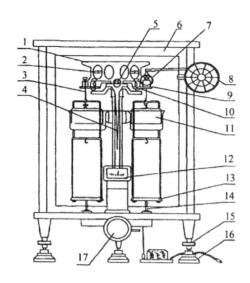

1—横梁；2—平衡螺钉；3—吊耳；4—指针；5—支点刀；6—框罩；7—环码；8—加码指数盘；9—支柱；
10—托叶；11—阻尼筒；12—光屏；13—托盘；14—盘托；15—水平调整脚；16—减震脚垫；17—升降钮

图2-16　精密天平结构示意图

①横梁。由铝合金制成，梁上装有三块三棱形玛瑙刀，其中一块在梁中间，刀口向下，称支点刀。在梁两边，距支点刀等距离处各装一块，刀口向上，称承重刀。三刀口须处同一水平线上。梁两边对称孔内各装有调节天平平衡用螺母一个。梁中部（或上部）有重心螺母一个，用于调节天平重心。

②立柱。空心立柱是横梁的起落架。柱顶嵌有玛瑙平板一块，配合横梁支点刀形成杠杆支点，柱上装有可升降的托梁架，天平不用时托起天平梁，使三刀口脱离接触。

③悬挂系统

a.吊耳。吊耳位于天平梁两端，其下面中心处嵌有玛瑙平板。称量时，该平板与横梁两侧承重刀接触。悬吊起称盘。圈码承重片附加于右侧吊耳之上。

b.托盘。供放置砝码或称量物用，称量时悬挂于吊耳钩上，不称量时由盘托托起。

c.阻尼筒。由内、外筒组成，外筒固定于支架上，内筒悬挂于吊耳钩上，置于外筒之中。天平开启时，内筒与吊耳、秤盘同步移动。由于两筒内空气阻尼作用，使天平很快达平衡状态。

④天平升降枢。是天平的制动系统，位于天平台下中部，与托梁架、盘托和光路电源相连接，由天平启动旋钮控制调节。顺时针开启时，托梁下降，三刀口与相应平板接触，光电源接通，天平处工作状态。反之天平处于停运行状态。

⑤光学读数系统。横梁的指针下端装有缩微标尺，工作时，光源通过光学系统将此缩微标尺放大，再反射投影于光屏上。若标尺投影零刻度线与光屏上中垂线重合，则天平处平衡位置。

⑥自动加码装置。半自动天平的此装置一般位于天平之右上部,转动加码指数盘,即可直接向天平梁上加 10~990 mg 的圈码。

⑦天平箱。天平箱用于保护天平不受环境条件影响。箱两侧玻璃拉门,供取放砝码和称量物质用。箱底部有三只支承脚,前边两脚可调动,供调节天平水平用,天平立柱上端固定有水平泡一只,供观察天平的水平状态。

⑧砝码。半自动天平配备有一盒砝码。砝码是衡量质量的标准,应定期检查标定。

(3)天平的计量性能

分析天平的计量性能指标主要包括灵敏度、示值变动性和不等臂性等。

①灵敏度。天平的灵敏度(E)通常是指在天平一盘中增加单位质量(1mg)时,天平指针的偏移程度,常以分度/毫克表示。显然偏移程度愈大,天平愈灵敏。

也有用天平感量(S)来表示天平灵敏度的,即天平指针移动一个分度相当的质量数,也称分度值。它与 E 的关系为:

$$S = \frac{1}{E} \tag{1}$$

影响天平灵敏度的因素很多,首先是天平三个玛瑙刀口的锐利程度;其次天平梁的重量 W、梁的重心位置、天平臂的长度 L,以及天平的负载状态都影响到天平的灵敏度。

天平臂愈长,天平梁愈轻,其重心愈高则天平愈灵敏。在天平一定的条件下,可通过调节重心螺母位置,改变天平灵敏度。但应注意,过高的调节重心,会引起天平臂摆动难以静止,反而降低了天平的稳定性。一般常量电光天平的灵敏度应为 10 分度/毫克,或分度值 S = 0.1 毫克/分度即可。

②示值变动性。示值变动性(ΔL)的大小反映了天平的稳定性,也代表着称量结果的可靠程度,即准确度。它是指在同等的天平平衡条件下(空载或全载),多次反复开启天平、观测天平指针位置的重现性大小,若以 L_0、L_P 表示空载、全载时天平指针移动分度值,则变动性 ΔL 为:

$$空载时 \ \Delta L_0 = L_0(最大) - L_0(最小) \tag{2}$$

$$全载时 \ \Delta L_P = L_P(最大) - L_P(最小) \tag{3}$$

显然对于一架天平,其值愈小,测量准确度愈可靠。但由于天平本身结构和测量时环境条件变动的影响,天平示值变动性总是存在的。我们只能要求天平的示值变动性应小于该天平的感量,这样才能实现准确的称量。

③不等臂性误差。由天平的不等臂性引起的称量误差,是仪器本身的系统误差。当天平两臂长分别为 L 和 L + ΔL 时,若天平处中心平衡位置,则椐杠杆原理所称之物重必不等,分别为 W + ΔW 和 W,则有:

$$L \cdot (W + \Delta W) = (L + \Delta L) \cdot W \tag{4}$$

$$变换后有 \frac{\Delta W}{W} = \frac{\Delta L}{L} 或 \Delta W = \frac{\Delta L \cdot W}{L} \tag{5}$$

由上式可知,天平不等臂性越显著,称量结果偏差越大,而且随称量的量增大,此偏差 ΔW 随之增大,当天平全负载时,ΔW 达最大值。

消除由天平不等臂性造成的称量误差的方法有:①在称量较小的情况下,由于量小,引起的不等臂偏差很小,当它小于天平自身的感量时,此偏差自然可忽略不计。或者采取在一个实验项目的整个称量中,使用同一天平来抵消这种误差;②用于较大量的称量中,采用替代称量法或交换称量法消除该系统误差。替代称量法是在同臂同盘中通过称量物与砝码相互替代称量。当天平平衡时,称盘中同盘所移出的砝码质量即为称量物之质量。此法类同于单盘不等臂天平工作原理,通过减去等量砝码来获取称量物质量,不存在不等臂性引起的系统误差。

3. 电子天平

电子天平如图2-17所示,其称量是依据电磁力平衡原理。称盘通过支架连杆与一线圈相连,该线圈置于固定的永久磁铁——磁钢之中,当线圈通电时自身产生的电磁力与磁钢磁力作用,产生向上的作用力。该力与称盘中称量物的向下重力达平衡时,此线圈通入的电流与该物重力成正比。利用该电流大小可计量称量物的重量。其线圈上电流大小的自动控制与计量是通过该天平的位移传感器、调节器及放大器实现。当盘内物重变化时,与盘相连的支架连杆带动线圈同步下移,位移传感器将此信号检出并传递、经调节器和电流放大器调节线圈电流大小,使其产生向上之力推动称盘及称量物恢复原位置为止,重新达线圈电磁力与物重力平衡,此时的电流可计量物重。

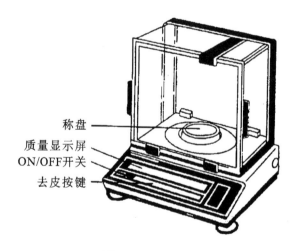

称盘
质量显示屏
ON/OFF开关
去皮按键

图 2 - 17　电子天平

电子天平是物质计量中唯一可自动测量、显示甚至可自动记录、打印结果的天平。其最大称量与精度与前述分析天平相同,最高读数精度可达 ±0.01 mg,实用性很宽。但应注意其称量原理是电磁力与物质的重力相平衡,即直接检出值是 mg 而非物质质量 m。故该天平使用时,要随使用地的纬度,海拔高度随时校正其 g 值,方可获取准确的质量数。常量或半微量电子天平一般内部配有标准砝码和质量的校正装置,经随时校正后的电子天平可获取准确的质量读数。

2.6.2 天平操作练习

1.托盘天平的称量操作

(1)调零。将游码归零、调节调零螺母、使指针在刻度盘中心线左右等距离摆动,表示天平的零点已调好,可正常使用。

(2)称量。在左盘放试样,右盘用镊子夹入砝码(由大到小),再调游码,直至指针在刻度盘中心线左右等距离摆动。砝码及游码指示数值相加则为所称试样质量。

(3)恢复原状。要求把砝码移到砝码盒中原来的位置,把游码移到零刻度,把夹取砝码的镊子放到砝码盒中。

2.分析天平的称量操作

(1)预备和检查

①称量前取下天平箱上的布罩,叠好后放在天平箱右后方的台面上。

②称量操作人应面对天平端坐,记录本放在胸前的台面上。砝码盒放在天平箱的右侧,接收和存放称量物的器皿放在天平箱的左侧。

③检查砝码是否齐全,放置的位置是否正确。检查砝码盒内是否有移取砝码的镊子。检查圈码是否齐全,是否挂在相应的圈码钩上,圈码读数盘的读数是否在零位。

④检查天平梁和吊耳的位置是否正常,检查天平是否处于休止状态。检查天平是否处于水平位置。如不水平,可调节天平箱前下脚的两个螺钉,使气泡水准器中的气泡位于正中(要求学生会调节水平)。

⑤察看天平盘上如有粉尘或其他落入的物质可用软毛刷轻轻扫净。

(2)天平零点的调节。零点是指未载重的天平处于平衡状态时指针所指的标尺刻度。

检查天平后,端坐于天平前面,沿顺时针方向轻轻转动旋钮(即打开天平),使天平梁放下,待指针稳定后,若微分标牌的"0"刻度与投影屏上的标线不重合,当位差较小时,可拨动天平箱底板下的拨杆使其重合;若位差较大时,在教师指导下,先调节天平梁上的平衡螺钉,再调节拨杆使其重合。然后沿反时针方向轻轻旋转旋钮,将天平梁托起(即关上天平)。此时天平的零点(L_0)已调节为"0"。

(3)直接称量法。从教师处领取一个洁净的表面皿,记下其编号。先用托盘天平粗称,记录其质量(保留一位小数),再用分析天平准确称量。

调节好分析天平的零点并关上天平后,把表面皿放在天平左盘的中央,向天平右盘添加粗称时质量的砝码。然后慢慢沿顺时针方向转动旋钮(初始应半开天平,防止天平梁倾斜度太大,损坏天平),若微分标尺向右移动得很快,则说明右盘重(微分标尺总是向重盘方向移动),关上天平后减少右盘中的砝码(用圈码读数盘减少)0.1 g。再慢慢打开天平,判断并加减砝码(加减砝码前切记先关上天平),直至微分标尺稳定地停在 0～10 mg 间(此时,天平应打开到最大位置)。当天平达到平衡后,读取砝码(整数)、圈码(小数点后第一、二两位小数)和投影屏上(小数点后第三、四位小数)的质量,复核后关上天平做好记录。

(4)减量称量法。用减量称量法称取三份试样,每份 0.2～0.3 g。

用叠好的纸带(一般宽 1.5 cm,长 15 cm)拿取洗净烘干的带盖称量瓶一只(图 2-18)。用托盘天平粗称(保留一位小数)。然后,用纸带打开称量瓶盖子(盖子打开后仍放在托盘天平左盘上),加 0.9 g 砝码于托盘天平右盘上。用小药勺取 NaCl 固体分数次加入称量瓶中,直至托盘天平正好达到平衡态,此时已粗称 0.9 g 于称量瓶中。盖好称量瓶盖子,读取砝码质量,复核后做好记录(保留一位小数)。

图 2-18 称量瓶操作

调好分析天平的零点并关上天平后,用纸带将称量瓶(内装样)放在分析天平的左盘中央,在分析天平右盘加上粗称时质量的砝码。然后慢慢打开天平(初始应半开天平),判断并加减砝码(加减砝码前首先关上天平),直至天平达到平衡态,微分标尺稳定地停在 0～10 mg 间(此时,天平应打开到最大位置)。读取砝码、圈码和投影屏上的质量,复核后关上天平并做好记录(保留四位小数)。

用纸带将称量瓶取出,左手用纸带操作称量瓶,右手用纸带操作称量瓶的盖子(图 2-18)。把 250 mL 烧杯放在台面上,将称量瓶移到烧杯口上部适宜位置,用盖子轻轻敲击倾斜着的称量瓶上口,使称量物慢慢落入烧杯中(图 2-18)。估计倾倒出 0.2～0.3 g 试样后,将称量瓶竖直,仍在烧杯口上部,用称量瓶盖子敲击称量瓶上口,使称量瓶边沿的试样全部落入称量瓶中。然后把称量瓶放回到天平左盘的中央,把右盘的圈码由读数盘减少 0.23 g,再重新调节天平的平衡点。若称量物重于右盘中的砝码,则应再次倾倒试样于烧杯中,直至天平达到平衡态,微分标尺稳定地停在 0～10 mg 间(天平应开到最大),此时倒入烧杯中的试样质量在 0.2～0.3 g 间。读取砝码、圈码和投影屏上的质量,复核后关上天平并做好记录 W_2(保留四位小数)。此时已称量出第一份试样的质量(G_1),即 $G_1 = W_1 - W_2$。

用相同方法反复操作,可称量出第二份试样的质量(G_2)和第三份试样的质量(G_3),即 $G_2 = W_2 - W_3$,$G_3 = W_3 - W_4$。

(5)整理天平和善后工作。使用完分析天平后,关上天平,取出称量物和砝码,使圈码读数盘恢复到零位置。检查天平内外是否清洁,若有脏物,用毛刷清扫干净。关好天平门,罩好天平箱的布罩,切断电源,将坐凳放回原位,填写天平使用登记簿后方可离开天平室。

(6)数据记录与处理。

表 2-3 天平的称量练习

记录项目	称量物质量(g)	试样质量(g)
表面皿粗称	12.3	
表面皿准确称	12.2636	
(瓶+样)粗称	16.5	
(瓶+样)准确称	$W_1 = 16.5516$	
倒出第一份试样后	$W_2 = 16.3003$	$G_1 = 0.2513$
倒出第二份试样后	$W_3 = 16.0338$	$G_2 = 0.2665$
倒出第三份试样后	$W_4 = 15.7822$	$G_3 = 0.2516$

3. 电子天平的称量操作

(1)称量前取下防尘布罩,叠好后放在电子天平右后方的台面上。

(2)电子天平初次连接到交流电源后,或者在断电相当长时间以后,必须使天平预热最少 30min。只有经过充分预热以后,天平才能达到所需的工作温度。

(3)检查天平是否水平。若不水平,需调整水平地脚螺钉,直到气泡位于水平仪上圆圈的中央。

(4)开启天平后,把容器放到天平上,启动天平的除皮功能。

(5)把样品放入天平上的容器里进行称量,并读数记录样品的质量(或打印数据)。

(6)使用完天平后,关好天平,取下称量物和容器。检查天平上下是否清洁,若有脏物,用毛刷清扫干净。罩好防尘布罩,切断电源,填写天平使用登记簿后方可离开天平室。

2.6.3 天平使用注意事项

(1)不得用天平称量热的物品。

(2)药品不得直接放在天平盘中称量,须用容器或称量纸放置后称量。

(3)砝码不得用手移动,必须用镊子夹取移动。

(4)分析天平使用时要特别注意保护玛瑙刀口。取放称量物,加减砝码之前必须先关上天平。平衡读数后应及时关上天平,缩短玛瑙刀口工作时间,延长分析天平使用寿命。

第3章　实验测量结果的记录与实验报告

实验教学主要分三步走:预习实验、做实验和写实验报告。实验数据的准确记录是数据处理过程中重要的一部分。首先,学生应在预习实验时,充分理解该实验的实验目的、实验原理、实验所用到的仪器和试剂及实验步骤,从而明确要在数据处理里面需要记录的数据有哪些,绘制出空表格,留待实验中备用。撰写实验预习报告。第二步,在实验中,学生按照实验步骤完成实验,每完成一步就在相对应的空表格里面填写上对应的数据,这样学生就不会忘记数据记录,也防止学生胡乱记录数据,找不到对应的数据等毛病。第三步,根据各物质间的化学计量关系,根据测量数据计算出实验所要达到的结果。指导教师也可以只提出相对应的要求,让学生自己来设计记录数据,从而提高学生的主动性和创新性。本章重点介绍分析化学实验数据的记录、实验数据的处理和准确性评价,以及实验报告的撰写。

3.1　化学分析实验数据的记录

学生应有专门的、预先编有页码的实验记录本,不得撕去任何一页。仔细观察各种现象,将实验中的现象和数据及时并如实地记在报告上。不允许将数据记在单面纸或小纸片上,或记在书上甚至手掌上等。实验记录本上记录的是实验中的所有原始数据,一般整理后书写实验报告。实验过程中的各种测量数据及有关现象,应及时准确而清楚地记录下来。记录实验数据要实事求是,切忌随意拼凑或伪造数据。

在实验中,选用的容器、仪器不同,对应的数据的准确度也是不同的。如果是粗称,不需要知道很准确的数值,称量质量可以用台秤来称量,知道大概的质量即可,一般的台秤称量是保留小数点后面 1 位有效数字;量取体积则选用量筒,所对应的数据根据量筒的量程来决定,一般实验室用的小量筒也是保留小数点后面 1 位有效数字。实验过程中测量数据时,应注意其有效数字的位数。记录的测量值通常由两部分组成:准确读数和估计值。以酸碱滴定实验为例,实验步骤分成了两大步。第一步,用已知其准确浓度的草酸标准溶液为滴定液,对氢氧化钠溶液进行标定(测得其准确浓度)。第二步,用这个氢氧化钠溶液为滴定液,对盐酸溶液进行测定。在第一步里,要配制准确浓度的草酸标准溶液,必须用电子天平准确称量一定质量的草酸 0.6312 g,然后稀释定容到 100.00 mL 的容量瓶中。这两个数据都是仪器或容器直接给出的数据,同学们不需要看刻度来读取,很多同学就会想当然地认为数显的数据都是准确的,没有估计值。实际上,这两个数据同样是由两部分组成,在教学中老师必须强调,特别是容量瓶容积记录,如果不强调的话,很多同学都容易疏忽小数点后面两位,而直接记录为 100 mL。用分析天平称量时,要求记录到 0.0001 g;滴定管及吸量管的读数应记录到 0.01 mL;用分光光度计测量溶液的吸光度时,如吸光度在 0.6 以下,应记录至 0.001 的读数,大于 0.6 时,则要求记录至 0.01 的读数。

实验记录上的每一个数据,都是测量结果,所以,重复观测时,即使数据完全相同,也都要记录下来;如滴定管的起始读数若每一次均为 0 刻度开始,也应该严格记录 0.00 mL。在实验过程中,如发现数据算错、测错或读错而需要改动时,可将该数据用一横线划去,并在其上方写上正确的数字。

3.2 化学分析实验数据的处理和准确性评价

利用各物质直接的化学计量关系,计算结果。同时,对实验结果的准确度和精密度进行评价。准确度表示测定值与真实值接近的程度。测定值越接近真实值,准确度越高,反之准确度越低。准确度就是以误差的大小来衡量的。精密度是指在相同条件下,用同样的方法,对同一试样进行多次平行测定所得数值之间相互接近的程度。如果数据彼此接近,表示测定结果的精密度高,反之精密度低。精密度是用偏差的大小来衡量的。在实际分析工作中,试样组分的真实值不可能绝对地知道,往往是在相同条件下对试样作多次测定后,取其平均值。偏差就是指个别测定值与多次分析结果的算数平均值之间的差值。偏差大,表示精密度低,反之,则精密度高。

偏差包括绝对偏差和相对偏差。最开始只要求大家能够知道偏差、平均偏差和相对偏差的计算,并不要求用标准偏差,而在后期的仪器分析实验阶段就要求学生必须用标准偏差来衡量实验结果的准确性了。为了衡量分析结果的精密度,一般对单次测定的一组结果 $\chi_1,\chi_2,\cdots,\chi_n$,算出算术平均值 $\bar{\chi}$ 后,应再用单次测量结果的相对偏差、平均偏差、标准偏差等表示出来,这些是分析化学实验中最常用的几种处理数据的表示方法。一般在分析化学中相对偏差、平均偏差和相对标准偏差保留一位有效数字即可。

算术平均值为:

$$\bar{\chi}=\frac{\chi_1+\chi_2+\cdots+\chi_n}{n}=\frac{\sum\chi_1}{n} \tag{6}$$

相对偏差为：

$$\frac{\chi_i - \bar{\chi}}{\chi} \times 100\%$$ (7)

平均偏差为：

$$\bar{d} = \frac{|\chi_1 - \bar{\chi}| + |\chi_2 - \bar{\chi}| + \cdots + |\chi_n - \bar{\chi}|}{n} = \frac{\sum |\chi_i - \bar{\chi}|}{n}$$ (8)

相对平均偏差为：

$$RMD = \frac{\bar{d}}{\chi} \times 100\%$$ (9)

标准偏差为：

$$s = \sqrt{\frac{\sum (\chi_i - \bar{\chi})^2}{n-1}}$$ (10)

相对标准偏差为：

$$RSD = \frac{s}{\chi} \times 100\%$$ (11)

对所得实验数据的处理,有时是大宗数据的处理,甚至有时还要进行总体和样本的大宗数据的处理。例如,有些学生假期进行某流域水样的监测,就需要进行大批数据的处理。其他有关实验数据的统计学处理,如置信度与置信区间、是否存在显著性差异的检验及对可疑值的取舍判断等,可参考有关教材和专著。

3.3 实验报告的撰写

实验完毕,应用专门的实验报告本,根据预习和实验中的现象及数据记录等,及时而认真地写出实验报告。材料化学分析实验报告一般包括以下内容。

（1）实验名称

（2）实验目的

（3）实验原理

简要地用文字和化学反应式说明。例如,对于滴定分析,通常应有标定和滴定反应方程式,基准物质和指示剂的选择,标定和滴定的计算公式等。对特殊仪器的实验装置,应画出实验装置图。

（4）实验所用试剂和仪器

列出实验中所要使用的主要试剂和仪器。

（5）实验步骤

应简明扼要地写出实验步骤过程。

（6）实验数据记录及其处理

应用文字、表格、图形将数据表示出来。根据实验要求及计算公式计算出分析结果并进行有关数据和误差处理，尽可能地使记录表格化。这一部分是实验报告的关键，必须认真书写，同时严格注意所有读数的有效数字。

（7）问题讨论（思考题）

解答实验教材中的思考题，对实验中的现象、产生的误差等进行讨论和分析，同时自己总结实验规律，以提高自己分析问题、解决问题的能力，为科学论文的写作和进一步的科学研究打下基础。

第二部分 | 基础实验

经典化学分析实验

实验一　滴定分析基本操作练习

【实验目的】

1. 掌握酸式、碱式滴定管的洗涤、准备和使用方法。
2. 熟悉酚酞、甲基橙等常用指示剂的颜色变化,正确判断滴定终点。

【主要仪器和试剂】

仪器:50 mL 酸式滴定管、50 mL 碱式滴定管、250 mL 锥形瓶、烧杯、500 mL 试剂瓶、10 mL 量筒、天平、玻璃棒。

试剂:浓 HCl($\rho = 1.18$ g/mL)、NaOH(s)、0.1% 甲基橙溶液、0.2% 酚酞乙醇溶液。

【实验原理】

滴定分析是将滴定剂(已知准确浓度的标准溶液)滴加到含有被测组分的试样中,直到化学反应完全为止,然后根据滴定剂的浓度和消耗的体积计算被测组分含量的一种方法。在进行滴定分析时,一方面要学会配制滴定剂溶液并能准确测量其浓度;另一方面要准确测量滴定过程中所消耗的滴定剂的体积。为了准确测定滴定剂消耗的体积,必须掌握标准溶液的配制、标定、滴定管的正确操作和滴定终点的判断。

酸碱指示剂(acid - base indicator)因其酸式和碱式的结构不同而具有不同的颜色。指示剂的理论变色点即为该指示剂的 pK_{HIn}(K_{HIn} 为解离常数),即 $\frac{[HIn]}{[In^-]}$ 时溶液的 pH,指示剂的理论变色范围为 $pK_{HIn} \pm 1$,因此在一定条件下,指示剂的颜色取决于溶液的 pH。在酸碱滴定过程中,计量点前后 pH 会发生突跃(滴定突跃),只要选择变色范围全部或部分落入滴定突跃范围的指示剂即可用来指示滴定终点,保证滴定误差小于 $\pm 0.1\%$。

本实验中,选择 0.10 mol/L NaOH 溶液滴定等浓度 HCl 溶液,滴定的突跃范围为 pH 4.3~9.7,可选用酚酞(变色范围 pH 8.0~9.6)和甲基橙(变色范围 pH 3.1~4.4)作指示剂。在使用同一指示剂的情况下,进行盐酸和氢氧化钠的互滴练习,不管被滴定溶液的体积如何变化,只要使用的始终是同一瓶溶液,则该体积比应保持不变。借此,可使学生逐步熟练学会滴定分析基本操作,掌握判断终点的能力。通过反复练习,使学生学会通过观察滴定剂落点处周围的颜色改变的快慢判断终点是否临近,并学会控制一滴一滴或半滴半滴的方法滴加滴定剂,直至最后半滴滴定剂的加入引起溶液颜色的明显变化,停止滴定,到达滴定终点。

【实验步骤】

1. NaOH 溶液和 HCl 溶液各 250 mL

（1）NaOH 溶液的配制

用天平迅速称取 2.0 g NaOH 固体于烧杯中，加入少量去离子水，搅拌溶解后将溶液转入 500 mL 试剂瓶中，用去离子水涮洗烧杯 2~3 次，并将涮洗液倒入试剂瓶，继续加水至总体积约为 500 mL，盖上橡皮塞，充分摇匀，贴上标签，2 人共用。

（2）HCl 溶液的配制

在通风橱中用洁净的 10 mL 量筒量取浓 HCl 4.0~4.5 mL，倒入预先装入一定体积去离子水的 500 mL 试剂瓶中，用去离子水稀释至总体积约为 500 mL，盖上玻璃塞，充分摇匀，贴上标签，2 人共用。

2. 滴定操作练习

（1）准备

准备好酸式、碱式滴定管各一支，分别用 5~10 mL HCl 和 NaOH 溶液润洗酸式和碱式滴定管 2~3 次，再次分别装入 HCl 和 NaOH 溶液，排出气泡，调节液面处于"0.00"或零刻线稍下的某一位置，静置 1 min 左右，记录初读数。

（2）酸碱互滴练习

由酸式滴定管中放出 0.10 mol/L HCl 溶液几毫升于 250 mL 锥形瓶中，加入约 20 mL 去离子水，再加入酚酞指示剂 1 滴，用碱式滴定管滴出 0.10 mol/L NaOH 溶液进行滴定，特别注意练习碱式滴定管加一滴和半滴溶液的操作，观察指示剂在终点附近的变色情况，滴定至溶液呈微红色且半分钟不褪色，即为终点。再用酸式滴定管加入少许 HCl 溶液，使锥形瓶内颜色褪尽，继续用 NaOH 溶液滴定至终点，如此反复练习至能准确判断滴定终点、自如控制滴定速度。

从碱式滴定管放出 0.10 mol/L NaOH 溶液几毫升于 250 mL 锥形瓶中，加入约 20 mL 去离子水，再加入甲基橙指示剂 1 滴，用酸式滴定管滴出 0.10 mol/L HCl 溶液进行滴定，特别注意练习酸式滴定管加一滴和半滴溶液的操作，滴定至溶液从黄色转化为橙色为终点。再用碱式滴定管加入少许 NaOH 溶液，使锥形瓶内颜色褪至黄色，继续用 HCl 溶液滴定至终点，如此反复练习至能准确判断滴定终点、自如控制滴定速度。注意，甲基橙为双色指示剂，应密切注意滴定到达滴定终点时颜色的变化情况，正确掌握滴定终点。

（3）以酚酞作指示剂用 NaOH 滴定 HCl

从酸式滴定管准确放出约 20 mL HCl 溶液于锥形瓶中，加少量去离子水，再加入 1~2 滴酚酞，在不断摇动下，用 NaOH 溶液滴定至终点，记录读数。然后再将酸碱滴定管加满，记录起始读数，重复上面的操作 2 次直至滴定终点到达。重点判断滴定终点并进行读数记录。

（4）以甲基橙作指示剂用 HCl 滴定 NaOH

从碱式滴定管准确放出约 20 mL NaOH 溶液于锥形瓶中，加少量去离子水，加入 1～2 滴甲基橙，在不断摇动下，用 HCl 溶液滴定至溶液由黄色转变为橙色为终点。然后再将酸碱滴定管加满，记录起始读数，重复上面的操作 2 次直至滴定终点到达。重点判断滴定终点并进行读数记录。

【实验数据记录及处理】

写出有关公式，将实验数据和计算结果填入实验表 1 和实验表 2。根据记录的实验数据计算出 V_{HCl}/V_{NaOH} 及 V_{NaOH}/V_{HCl}，并计算三次测定结果的相对标准偏差。对测定结果要求相对标准偏差小于 0.3%。

实验表 1　盐酸滴定氢氧化钠

滴定编号	1	2	3
V_{NaOH}（mL）			
V_{HCl}（mL）			
V_{HCl}/V_{NaOH}			
V_{HCl}/V_{NaOH} 平均值			
相对平均偏差（%）			
相对标准偏差（%）			

实验表 2　氢氧化钠滴定盐酸

滴定编号	1	2	3
V_{HCl}（mL）			
V_{NaOH}（mL）			
V_{NaOH}/V_{HCl}			
V_{NaOH}/V_{HCl} 平均值			
相对平均偏差（%）			
相对标准偏差（%）			

请注意所有数据的有效数字。

【注意事项】

1. 滴定终点时应减速，注意观察指示剂颜色变化。

2. 滴定快达终点时，应减缓滴定速度，注意接线员示剂颜色变化。

【思考题】

1. NaOH 和 HCl 标准溶液能否用直接配制法配制？为什么？配制时可用量筒量取浓 HCl，用台秤称取 NaOH(s)，而不用吸量管和分析天平，为什么？

2. 标准溶液装入滴定管之前，为什么要用待装溶液涮洗 2～3 次？锥形瓶是否也需事先涮洗或烘干？

3. 为什么 HCl 溶液滴定 NaOH 溶液时，常选择甲基橙作指示剂，而 NaOH 溶液滴定 HCl 溶液时，常选择酚酞作指示剂？

4. 使用酚酞指示滴定终点时，为什么说只要半分钟内不褪色即为到达滴定终点？

【相关知识链接】

甲基橙：其化学名称为 4 - [[4 - (二甲基氨基)苯基]偶氮基]苯磺酸钠盐；对二甲氨基偶氮苯磺酸钠，橙色至黄色粉末。甲基橙(methyl orange)本身为碱性，变色范围 pH 为 3.1～4.4，pH < 3.1 时变红，pH > 4.4 时变黄，pH 在 3.1～4.4 时呈橙色。甲基橙的结构：

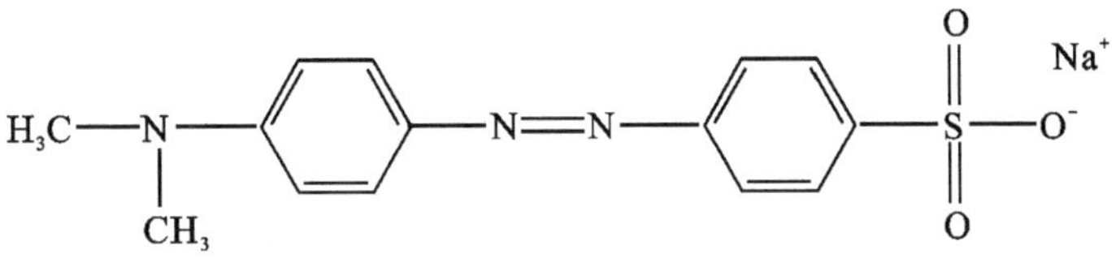

甲基橙变色反应方程式：

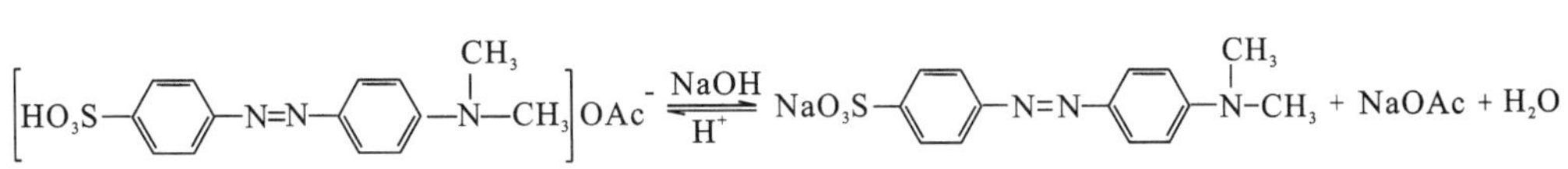

酚酞：其化学名称为 3,3 - 二(4 - 羟苯基) - 3H - 异苯并呋喃酮，其理论变色点为 pH 为 8.2，不同 pH 下酚酞的不同颜色见实验表 3。

酚酞的结构：

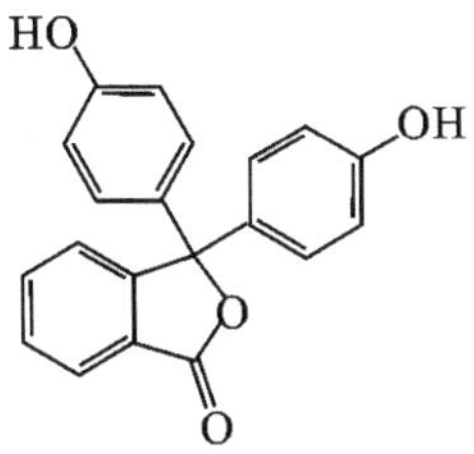

实验表 3 不同 pH 下酚酞的结构及颜色

	ln⁺	H₂ln	ln²⁻	ln(OH)³⁻
键线式				
球框模型				
pH	<0	0~8.2	8.2~12.0	>12.0
条件	强酸性	酸性、近中性	碱性	强碱性
颜色	橙黄色	无色	粉红色	无色

实验二　工业纯碱中总碱度的测定（酸碱滴定法）

【实验目的】

1. 掌握配制和标定 HCl 标准溶液的方法。
2. 学习容量瓶、移液管的使用方法，进一步熟练酸式滴定管的操作方法。
3. 掌握工业纯碱中总碱度测定的原理和方法。

【主要仪器和试剂】

仪器：酸式滴定管、250 mL 锥形瓶、250 mL 容量瓶、移液管、烧杯。

试剂：无水碳酸钠（基准物质，180 ℃ 干燥 2～3 h，然后放入干燥器内冷却后备用）、浓 HCl（相对密度 1.19，分析纯）、0.2% 甲基橙水溶液、工业纯碱试样。

【实验原理】

碳酸钠是重要的化工原料之一，作为制造其他化学品的原料、清洗剂、洗涤剂，广泛应用于轻工日化、建材、化学工业、食品工业、冶金、纺织、石油、国防、医药等领域。工业碳酸钠，俗称纯碱、苏打或苏打粉，其主要成分为 Na_2CO_3，其中可能还含有少量 NaCl、Na_2SO_4、NaOH 或 $NaHCO_3$ 等成分。工业纯碱总碱度的测定，通常是指用酸碱滴定法滴定主要成分 Na_2CO_3 和其他碱性杂质如 NaOH 或 $NaHCO_3$ 等的含量，常用于检定纯碱的质量。可能发生的反应包括：

$$Na_2CO_3 + 2HCl = 2NaCl + H_2O + CO_2 \uparrow$$
$$NaOH + HCl = NaCl + H_2O$$
$$NaHCO_3 + HCl = NaCl + H_2O + CO_2 \uparrow$$

反应产物为 NaCl 和 H_2CO_3，化学计量点时 pH 为 3.8～3.9。可选用甲基橙为指示剂，用 HCl 标准溶液滴定至溶液由黄色变为橙色时，即为终点。

工业纯碱长期暴露在空气中能吸收空气中的水分及二氧化碳，生成碳酸氢钠，并结成硬块。因此要将试样在 2700～3000 ℃ 烘干 2 h，除去试样中的水分，并使 $NaHCO_3$ 全部转化为 Na_2CO_3。工业纯碱均匀性差，测定的允许误差可稍大。

浓盐酸易挥发出 HCl 气体，不能直接配制准确浓度的 HCl 标准溶液。配制盐酸标准溶液时需用间接配制法，先配制近似浓度的溶液，然后用基准物质标定其准确浓度；也可用另一已知准确浓度的标准溶液滴定盐酸溶液,再根据它们的体积比求得盐酸溶液的浓度。标定 HCl 溶液常用的基准物有无水碳酸钠和硼砂等。本实验以采用无水碳酸钠作为基准物质标定 HCl 溶液。由于滴定至计量点时溶液呈酸性(二元酸,pH ≈ 3.8),因此可采用甲基橙指示滴定终点。

基准物质是分析化学中用于直接配制标准溶液或标定滴定分析中操作溶液浓度的物质。基准物质应符合五项要求:一是纯度(质量分数)应 ≥ 99.9%;二是组成与它的化学式完全相符,如含有结晶水,其结晶水的含量均应符合化学式;三是性质稳定,一般情况下不易失水、吸水或变质,不与空气中的氧气及二氧化碳反应;四是参加反应时,应按反应式定量地进行,没有副反应;五是要有较大的摩尔质量,以减小称量时的相对误差。常用的基准物质有银、铜、锌、铝、铁等纯金属及氧化物、重铬酸钾、碳酸钾、氯化钠、邻苯二甲酸氢钾、草酸、硼砂等纯化合物。

【实验步骤】

1. 0.10 mol/L HCl 溶液的配制及标定

0.10 mol/L HCl 溶液的配制同实验一。

准确称取 0.13 ~ 0.16 g 无水碳酸钠,置于 250 mL 锥形瓶中,加入 20 ~ 30 mL 水使其完全溶解。加入 2 ~ 3 滴 0.2% 甲基橙指示剂,用待标定的 HCl 溶液滴定至溶液由黄色转变为橙色,即为终点,记录所消耗 HCl 溶液的体积。平行测定 3 次。

2. 纯碱试样总碱度的测定

准确称取 1.4 ~ 1.7 g 纯碱试样,置于小烧杯中,加适量水使其完全溶解后,定量转移至 250 mL 容量瓶中,加水稀释至刻度,充分摇匀。

用移液管准确移取 25.00 mL 纯碱试样溶液于锥形瓶中,加入 2 ~ 3 滴甲基橙指示剂。用已标定的 HCl 标准溶液滴定至溶液由黄色转变为橙色,即为终点。记录所消耗 HCl 溶液的体积,平行测定 3 次。

【实验数据记录及处理】

写出有关公式,将实验数据和计算结果填入实验表 4 和实验 5。根据记录的实验数据分别计算出 HCl 溶液的准确浓度和纯碱中碳酸钠的质量分数,并计算三次测定结果的相对标准偏差。对标定结果要求相对标准偏差小于 0.2%,对测定结果要求相对标准偏差小于 0.3%。

实验表 4　碳酸钠标定 HCl

滴定编号	1	2	3
V_{HCl}(mL)			
$m_{碳酸钠}$(g)			
C_{HCl}(mol/L)			
C_{HCl}平均值(mol/L)			
相对平均偏差(%)			
相对标准偏差(%)			

实验表 5　纯碱中碳酸钠质量分数的测定

滴定编号	1	2	3
$m_{纯碱试样}$(g)			
V_{HCl}(mL)			
$V_{试样}$(mL)			
纯碱中碳酸钠质量分数(%)			
质量分数的平均值			
相对平均偏差(%)			
相对标准偏差(%)			

请注意所有数据的有效数字。

【注意事项】

1. 反应本身由于产生 H_2CO_3 会使滴定突跃不明显,致使指示剂颜色变化不够敏锐,因此接近滴定终点之前,可加热煮沸溶液,并摇动以赶走 CO_2,冷却后再滴定。

2. 该品具有弱刺激性和弱腐蚀性。直接接触可引起皮肤和眼灼伤。使用时穿戴适当的防护服和手套;不慎与眼睛接触后,请立即用大量清水冲洗并征求医生意见。

【思考题】

1. 为什么 HCl 溶液不能直接配制标准溶液? 常用的基准物质有哪些?

2. 无水碳酸钠保存不当,吸收部分水分,对标定结果和总碱度测定结果分别有什么影响?

【相关知识链接】

苏打,小苏打和大苏打

苏打的化学成分为碳酸钠,碳酸钠(Na_2CO_3)也称纯碱或苏打粉,带有结晶水的称为水合碳酸钠,有一水碳酸钠($Na_2CO_3 \cdot H_2O$)、七水碳酸钠($Na_2CO_3 \cdot 7H_2O$)和十水碳酸钠($Na_2CO_3 \cdot 10H_2O$)三种。无水碳酸钠为白色粉末,易溶于水,水溶液呈碱性。它有很强的吸湿性,在空气中能吸收水分而结成硬块。遇酸能放出二氧化碳。在化工厂,人们往苏打的水溶液里通进二氧化碳,来制取小苏打:

$$Na_2CO_3 + CO_2 + H_2O = 2NaHCO_3$$

在三种苏打中,碳酸钠的用途最广。纯碱作为基本化工原料,广泛用于医药(医疗上用于治疗胃酸过多)、造纸、冶金、玻璃、肥皂、纺织、石油、染料等工业。

小苏打是碳酸氢钠的俗名,即碳酸氢钠($NaHCO_3$),为白色细小晶体,在水中的溶解度小于碳酸钠,碳酸氢钠溶于水时呈现弱碱性。碳酸氢钠不稳定,固体50 ℃以上开始逐渐分解:$2NaHCO_3 = (\triangle) Na_2CO_3 + H_2O + CO_2 \uparrow$,遇 Al^{3+} 发生双水解:

$$Al^{3+} + 3HCO_3^- = Al(OH)_3 \downarrow + 3CO_2 \uparrow$$

碳酸氢钠的用途非常广泛,可直接作为制药工业的原料,用于治疗胃酸过多,还可用于电影制片、鞣革、选矿、冶炼、金属热处理,以及用于纤维、橡胶工业等。食品工业中,它是一种应用最广泛的疏松剂,是汽水饮料中二氧化碳的发生剂;可与明矾复合为碱性发酵粉,也可与纯碱复合为民用石碱;还可用作黄油保存剂。印染工业中,它被用作染色印花的固色剂,酸碱缓冲剂,织物染整的后方处理剂。染色中加入小苏打可以防止纱筒产生色花。医药工业用它作制酸剂的原料。

大苏打是硫代硫酸钠($Na_2S_2O_3 \cdot 5H_2O$)的俗名,又称"海波"。大苏打是无色透明的结晶,具有弱碱性,易溶于水,但不易溶于酒精。工业普遍使用亚硫酸钠与硫黄共煮得到硫代硫酸钠,经重结晶精制:

$$Na_2SO_3 + S + 5H_2O = Na_2S_2O_3 \cdot 5H_2O$$

大苏打在33 ℃以上的干燥空气中风化而失去结晶水。在中性、碱性溶液中较稳定,在酸性溶液中会迅速分解:

$$Na_2S_2O_3 + 2HCl = 2NaCl + H_2O + S \downarrow + SO_2 \uparrow$$

大苏打具有很强的络合能力,能跟溴化银形成络合物,反应式:

$$AgBr + 2Na_2S_2O_3 = NaBr + Na_3[Ag(S_2O_3)_2]$$

根据这一性质,它可以作定影剂。洗相时,过量的大苏打跟底片上未感光部分的溴化银反应,转化为可溶的 $Na_3[Ag(S_2O_3)_2]$,把 $AgBr$ 除掉,使显影部分固定下来。大苏打还具有较强的还原性,能将氯气等物质还原。所以,它可以作为棉织物漂白后的脱氯剂。另外,大苏打还用于鞣制皮革、电镀以及由矿石中提取银等。

实验三 食用白醋中醋酸含量的测定

【实验目的】

1. 掌握 NaOH 标准溶液的配制、标定方法及保存要点。
2. 掌握醋酸总酸量的测定方法。
3. 掌握强碱滴定弱酸的滴定过程、突跃范围及指示剂的选择原理。

【主要仪器和试剂】

仪器：50 mL 酸式滴定管、50 mL 碱式滴定管、250 mL 锥形瓶、250 mL 容量瓶、蝴蝶夹、10 mL 量筒、烧杯、移液管、滴瓶。

试剂：NaOH(s)、酚酞指示剂(0.2% 乙醇溶液)、邻苯二甲酸氢钾(s)(A. R. 在 100 ~ 125 ℃下干燥 1 h 后，置于干燥器中备用)。

【实验原理】

1. HAc 浓度的测定

食用白醋中含有醋酸($Ka = 1.8 \times 10^{-5}$)，其含量约为 3.5 ~ 5.0 g/100 mL，是一种弱酸。食用白醋中醋酸的 $c \cdot Ka \geqslant 10^{-8}$，故可以用 NaOH 标准溶液直接准确滴定，但测得的是酸的总量即总酸量。

醋酸为有机弱酸($Ka = 1.8 \times 10^{-5}$)，与 NaOH 反应式为：

$$HAc + NaOH = NaAc + H_2O$$

计量点产物为强碱弱酸盐，滴定突跃在碱性范围，故选择酚酞作指示剂，酚酞指示剂变色范围为：pH = 8.2 ~ 10.0。

2. 标准溶液的标定

NaOH 固体腐蚀性强，易吸收空气中水分和 CO_2，因此不能直接配制其准确浓度，只能先配制近似浓度的溶液，然后用基准物质标定其准确浓度，也可用另一已知准确浓度的标准溶液滴定该溶液的浓度。标定 NaOH 溶液常用的基准物质有邻苯二甲酸氢钾($KHC_8H_4O_4$，简写为 KHP)和草酸($H_2C_2O_4 \cdot 2H_2O$)等。由于邻苯二甲酸氢钾易制得纯品，在空气中不吸水且易于保存，摩尔质量较大，因此应用更为广泛。用 KHP 标定 NaOH 溶液时反应如下：

$$KHC_8H_4O_4 + NaOH = KNaC_8H_4O_4 + H_2O$$

由于滴定至计量点时溶液呈碱性(二元碱，pH≈9)，因此可采用酚酞指示剂指示滴定终点。

$$c_{NaOH} = \frac{\left(\dfrac{m}{M}\right)_{邻苯二甲酸氢钾} \times 1000}{V_{NaOH}} \ (mol/L) \tag{12}$$

式中:$m_{邻苯二甲酸氢钾}$为邻苯二甲酸氢钾质量/g,V_{NaOH}为 NaOH 体积/mL。

【实验步骤】

1.0.10 mol/L NaOH 溶液的配制和标定

洗净碱式滴定管,检查不漏水后,用所配制的 NaOH 溶液润洗 2~3 次,每次用量 5~10 mL,然后将碱液装入滴定管中至"0"刻度线上,排除管尖的气泡,调整液面至 0.00 刻度或零点稍下处,静置 1 min 后,精确读取滴定管内液面位置,并记录在报告本上。

用差减法准确称取约 0.4~0.6 g 已烘干的邻苯二甲酸氢钾三份,分别放入三个已编号的 250 mL 锥形瓶中,加 50 mL 水溶解(若不溶可稍加热,冷却后),加入 1~2 滴酚酞指示剂,用 0.1 mol/L NaOH 溶液滴定至呈微红色,半分钟不褪色,即为终点(如果较长时间微红色慢慢褪去,是由于溶液吸收了空气中的二氧化碳所致),记录所消耗 NaOH 溶液的体积。平行测定三次。

2.食用白醋中醋酸含量的测定

用移液管吸取食用白醋试液 25.00 mL,置于 250 mL 容量瓶中,用水稀释至刻度,摇匀。用移液管吸取 25.00 mL 稀释后的试液,置于 250 mL 锥形瓶中,加 0.2% 酚酞指示剂 1~2 滴,用 NaOH 标准溶液滴定,直到加入半滴 NaOH 标准溶液使试液呈现微红色,并保持半分钟内不褪色即为终点。平行测定三次。

$$c_{HAc} = \frac{c_{NaOH} V_{NaOH} \times M_{HAc} \times 100}{\dfrac{25}{250} \times V_{白醋} \times 1000} \ (g/100 \ mL) \tag{13}$$

【实验数据记录及处理】

写出有关公式,根据记录的实验数据计算出 NaOH 溶液的准确浓度,并计算食醋的总酸量,用每 100 mL 食醋含 CH₃COOH 的质量表示。计算三次测定结果的相对标准偏差。对标定结果要求相对标准偏差小于 0.2%,对测定结果要求相对标准偏差小于 0.3%。

实验表 6 NaOH 溶液的标定

滴定编号	1	2	3
$m_{邻苯二甲酸氢钾}$(g)			
V_{NaOH}(mL)			
c_{NaOH}/(mol/L)			

滴定编号	1	2	3
c_{NaOH}平均值(mol/L)			
相对平均偏差(%)			
相对标准偏差(%)			

实验表 7　食用白醋中醋酸含量的测定

滴定编号	1	2	3
V_{HAc}(mL)			
V_{NaOH}(mL)			
c_{NaOH}/(mol/L)			
c_{HAc}/(mol/L)			
c_{HAc}平均值(mol/L)			
相对平均偏差(%)			
相对标准偏差(%)			

请注意所有数据的有效数字。

【注意事项】

滴定终点时注意观察酚酞批示剂的颜色变化。

【思考题】

1. 测定食用白醋时,为什么选用酚酞指示剂? 能否选用甲基橙或甲基红做指示剂?

2. 与其他基准物质相比,邻苯二甲酸氢钾有什么优点?

3. 标定 NaOH 溶液时,称取 $KHC_8H_4O_4$ 为什么要在 0.4 ~ 0.6 g 范围内? 能否少于 0.4 g或多于 0.6 g 呢? 为什么?

【相关知识链接】

邻苯二甲酸氢钾,又叫酞酸氢钾,是一种有机芳香酸邻苯二甲酸的酸式盐,分子中含有一个苯环,酸根所有的原子共平面。其水溶液呈酸性。在295 ~ 300 ℃分解。由于其容易用重结晶法得到纯品,不含结晶水,不吸潮,容易保存,当量大,常用于氢氧化钠标准溶液的标定,也可用于高氯酸的乙酸溶液的标定(使用甲基紫作指示剂)。邻苯二甲酸氢钾溶液也是常用的标准缓冲溶液之一。0.05 mol/kg 邻苯二甲酸氢钾溶液在 25 ℃时的 pH 为4.01。

邻苯二甲酸氢钾作为基准物的优点:易于获得纯品;易于干燥,不吸湿;摩尔质量大,可相对减少称量误差。

实验四　自来水的总硬度的测定（络合滴定法）

【实验目的】

1. 掌握配制和标定 EDTA 标准溶液的方法。
2. 掌握铬黑 T 指示剂的使用条件和确定终点的方法。
3. 掌握配位滴定法测定水的总硬度的原理和方法。
4. 了解掩蔽干扰离子的使用条件及方法。

【主要仪器和试剂】

仪器：酸式滴定管、250 mL 锥形瓶、250 mL 试剂瓶、250 mL 容量瓶、移液管、烧杯、洗瓶、表面皿。

试剂：碳酸钙（基准物质，120 ℃干燥 2 h，然后放入干燥器内冷却后备用）、乙二胺四乙酸二钠盐（EDTA）、铬黑 T 指示剂、$NH_3 - NH_4Cl$ 缓冲溶液（pH ≈ 10）、三乙醇胺（1:2）、1:1 HCl 溶液。

【实验原理】

水的总硬度是指水中所含钙、镁离子的总量，它是水质的一项重要指标。对于水的总硬度，各国表示方法有所不同，我国目前采用将水中钙、镁离子的总量折算成 $CaCO_3$ 含量来表示硬度（单位为 mg/L 或 mmol/L）和将水中钙、镁离子总量折算成 CaO 的含量来表示总硬度（单位为德国度，1 德国度相当于 10 mg/L CaO）。

测定水的总硬度一般采用 EDTA 滴定法。在 pH≈10 的氨性缓冲溶液中，以铬黑 T 为指示剂，用 EDTA 标准溶液滴定水中钙、镁离子总量。铬黑 T 和 EDTA 都能和 Ca^{2+}、Mg^{2+} 形成配合物，其配合物稳定性顺序为：$[CaY]^{2-} > [MgY]^{2-} > [MgIn]^- > [CaIn]^-$。

在化学计量点前，加入铬黑 T 后，部分 Mg^{2+} 与铬黑 T 形成配合物使溶液呈紫红色。当用 EDTA 滴定时，EDTA 先与 Ca^{2+} 和游离 Mg^{2+} 反应形成无色的配合物，化学计量点时，EDTA 夺取指示剂配合物中的 Mg^{2+}，使指示剂游离出来，溶液由紫红色变成纯蓝色即为终点。

滴定前：　　　　$Mg^{2+} + HIn^{2-} \rightleftharpoons [MgIn]^- + H^+$

　　　　　　　　蓝色　　　　　　紫红色

化学计量点前：　$Ca^{2+} + H_2Y^{2-} \rightleftharpoons [CaY]^{2-} + 2H^+$

　　　　　　　　$Mg^{2+} + H_2Y^{2-} \rightleftharpoons [MgY]^{2-} + 2H^+$

化学计量点时：　　$[MgIn]^- + H_2Y^{2-} \rightleftharpoons [MgY]^{2-} + HIn^{2-} + H^+$

　　　　　　　　　紫红色　　　　　　　　蓝色

根据消耗的 EDTA 标准溶液的体积计算水的总硬度。

水样中常存在的 Fe^{3+}、Al^{3+}、Cu^{2+}、Pb^{2+}、Zn^{2+}、Mn^{2+} 等金属离子，将会对终点进行干扰甚至使滴定不能进行，故滴定时可采用三乙醇胺掩蔽 Fe^{3+}、Al^{3+} 等干扰离子；Na_2S 或巯基乙酸掩蔽 Cu^{2+}、Pb^{2+}、Zn^{2+} 等干扰离子；盐酸羟胺消除 Mn^{2+} 的干扰。

铬黑 T 和 Mg^{2+} 显色灵敏度高于 Ca^{2+} 的显色灵敏度，当水样中镁的含量较低时，指示剂在终点的变色不敏锐。为了提高滴定终点的敏锐性，氨性缓冲溶液中可加入一定量的 Mg^{2+}—$EDTA(MgY^{2-})$ 予以改善或者使用 K - B 混合指示剂指示终点（紫红至蓝绿）。

乙二胺四乙酸简称 EDTA 或 EDTA 酸，用 H_4Y 表示，是白色、无味的结晶性粉末，不溶于冷水、乙醇及一般有机溶剂，微溶于热水，溶于氢氧化钠、碳酸钠及氨的溶液。实验中一般用乙二胺四乙酸二钠盐代替 EDTA，一般简称为 EDTA 或者 EDTA 二钠盐，用 $Na_2H_2Y \cdot 2H_2O$ 表示，其在水中的溶解度较大。市售的 EDTA 二钠盐中含有 EDTA 酸和水分，若不经过精制和烘干，就不能采用直接配制法配制标准溶液。EDTA 溶液标定时要根据测定对象的不同，选择不同的基准物质来标定。常用的基准物质有纯金属 Zn、Cu、Pb 等；化合物 ZnO、$CaCO_3$、PbO、$MgSO_4 \cdot 7H_2O$ 等。标定 EDTA 时，应尽量选择与被测组分相同的基准物质，使标定和测定的条件一致，可减少测量误差。

测定水的总硬度时，常用 $CaCO_3$ 基准物质标定 EDTA 溶液的浓度，反应条件与测定时一致。标定时为了改善滴定终点的变色敏锐度，可在钙标准溶液中加入少量的 Mg^{2+}—EDTA 溶液。

【实验步骤】

1.0.02 mol/L EDTA 溶液的配制及标定

（1）0.02 mol/L EDTA 溶液的配制

在天平上称量 2.0 g 的 EDTA 二钠盐固体于小烧杯中，加入约 50 mL 水，微热使其完全溶解。冷却后转入 250 mL 试剂瓶（如需保存，则用聚乙烯瓶）中，用水涮洗烧杯 2～3 次，并将涮洗液倒入试剂瓶，继续加水至总体积约为 250 mL，盖好瓶口，摇匀，贴上标签。

（2）0.02 mol/L 钙标准溶液的配制

准确称取一定质量（0.50～0.55 g）$CaCO_3$ 于小烧杯中，加几滴水使其成糊状。盖上表面皿，由烧杯嘴沿杯壁慢慢滴加 3～5 mL 1:1 HCl，反应剧烈时稍停，手指按住表面皿略为转动烧杯底，使试样完全溶解。加入约 20 mL 水，盖上表面皿，用小火加热钙溶液沸腾约 2 min，除去 CO_2。冷却后，用水吹洗表面皿的凸面和烧杯内壁，将洗涤液全部定量转入 250 mL 容量瓶中，用水稀释至刻度，摇匀。

（3）EDTA 溶液的标定

用移液管准确移取 25.00 mL 钙标准溶液于 250 mL 锥形瓶中，依次加入 2 mL MgY^{2-} 溶液，5 mL 氨性缓冲溶液和 1~2 滴铬黑 T 指示剂，摇匀。立即用 EDTA 溶液滴定至溶液呈纯蓝色为终点。记录所消耗 EDTA 溶液的体积，平行测定 3 次。

2. 水样总硬度的测定

打开水龙头，放水数分钟，用已洗干净的试剂瓶盛接水样备用。量筒量取 100 mL 水样于锥形瓶中，加 5 mL 三乙醇胺（若水样含有重金属离子，需加入 5mL Na_2S 溶液），加入 10 mL 氨性缓冲溶液及 2~4 滴铬黑 T 指示剂，摇匀，立即用 EDTA 标准溶液滴定至溶液由紫红色变为纯蓝色即为终点。记录所消耗 EDTA 溶液的体积，平行测定 3 次。

【实验数据记录及处理】

写出有关公式，将实验数据和计算结果填入实验表 8 和实验表 9。根据记录的实验数据分别计算出 Ca^{2+} 标准溶液浓度、EDTA 溶液的浓度和水的总硬度（以德国度表示），并计算三次测定结果的相对标准偏差。对标定结果要求相对标准偏差小于 0.2%，对测定结果要求相对标准偏差小于 0.3%。

实验表 8　钙标准溶液标定 EDTA

滴定编号	1	2	3
$c_{Ca^{2+}}$（mol/L）			
$V_{Ca^{2+}}$（mL）			
V_{EDTA}（mL）			
c_{EDTA}（mol/L）			
c_{EDTA} 平均值（mol/L）			
相对平均偏差（%）			
相对标准偏差（%）			

实验表 9　水的总硬度

滴定编号	1	2	3
V_{EDTA}（mL）			
$V_{水样}$（mL）			
总硬度（度）			
总硬度平均值			
相对平均偏差（%）			
相对标准偏差（%）			

请注意所有数据的有效数字。

【注意事项】

注意离子掩蔽剂的使用。

【思考题】

1. 水的总硬度测定时,加入缓冲溶液的作用是什么? 当水的总硬度较大时,加入氨性缓冲溶液会出现什么情况?

2. 什么样的水样应加入 Mg^{2+} – EDTA 溶液,Mg^{2+} – EDTA 的作用是什么? 对测定结果有无影响?

3. 掩蔽 Al^{3+} 和 Fe^{3+} 要在什么情况下加入,为什么? 为什么掩蔽剂要在指示剂之前加入?

【相关知识链接】

实验表 10　铬黑 T 指示剂

物质	分子结构	性质	分子量	变色范围
铬黑 T Eriochrome black T (EBT)		棕黑色粉末,溶于热水,冷却后成红棕色溶液,略溶于乙醇,微溶于丙酮。常用作金属指示剂,测定钙、镁、钡、铟、锰、铅、钪、锶、锌和锆等。	461.38	6.0(红) ~ 12.0(橙)

实验五　高锰酸钾法测定水样中
化学需氧量（COD）

【实验目的】

1. 对水样中化学需氧量(COD)与水体污染的关系有所了解。
2. 掌握用高锰酸钾法测定水中化学需氧量(COD)的原理和方法。

【主要仪器和试剂】

仪器:500 mL 烧杯、250 mL 锥形瓶、500 mL 试剂瓶、250 mL 容量瓶、100 mL 量筒、移液管、洗瓶、酸碱滴定管、胶头滴管、玻璃棒、镊子、微孔玻璃漏斗、称量瓶、表面皿、棕色瓶(带有玻璃塞)。

试剂:0.02 mol/L KMnO$_4$ 溶液(A 液)、0.002 mol/L KMnO$_4$溶液(B 液)、1:3 硫酸、在 105~110 ℃烘干 1 h 并冷却的草酸钠基准试剂。

【实验原理】

化学需氧量(COD)是在一定条件下,采用一定的强氧化剂处理水样时,所消耗的氧化剂的量,它是水中还原性物质多少的一个指标。COD 越大说明水体被污染的程度越重。

水样 COD 的测定,会因加入氧化剂的种类和浓度、反应溶液的温度、酸度和时间,以及催化剂的存在与否而得到不同的结果。因此 COD 是一个条件性的指标,必须严格按操作步骤进行测定。COD 的测定有几种方法,对于污染较严重的水样或工业废水,一般用重铬酸钾法或库仑法;对于一般水样可以用高锰酸钾法。由于高锰酸钾法是在规定的条件下进行的反应,所以水中有机物只能部分被氧化,并不是理论上的全部需氧量,不能反映水体中总有机物的含量。因此常用高锰酸盐指数这一术语作为水质的一项指标,以区别于重铬酸钾法测定的化学需氧量。高锰酸钾法分为酸性法和碱性法两种,本实验以酸性法测定水样的化学需氧量——高锰酸盐指数,以每升多少毫克 O$_2$ 表示。

水样中加入硫酸酸化后,加入一定量的 KMnO$_4$ 溶液,并在沸水浴中加热反应一定时间。然后加入过量的 Na$_2$C$_2$O$_4$ 标准溶液,使之与剩余的 KMnO$_4$ 充分作用。再用 KMnO$_4$ 溶液回滴过量的 Na$_2$C$_2$O$_4$,通过计算求得高锰酸盐指数值。

反应方程式:

测定:$4MmO_4^- + 5C + 12H^+ = 4Mn^{2+} + 5CO_2\uparrow + 6H_2O$

标定:$2MnO_4^- + 5C_2O_4^{2-} + 16H^+ = 2Mn^{2+} + 10CO_2\uparrow + 8H_2O$

MnO$_4^-$ 与 C$_2$O$_4^{2-}$ 反应应注意反应温度、酸度和滴定速度。反应温度为 70~80 ℃,温度低则反应慢,温度高则 $H_2C_2O_4$ 分解。

反应酸度即强酸性介质(硫酸介质)。若酸度过低则 MnO_4^- 被还原为 MnO_2,酸度高则 $H_2C_2O_4$ 分解。

滴定速度应先慢后快再慢,一开始滴定速度要慢,否则 MnO_4^- 会分解:

$$4MnO_4^- + 12H^+ = 4Mn^{2+} + 5O_2\uparrow + 6H_2O$$

随着反应进行,生成的 Mn^{2+} 是反应的自催化剂,催化反应速度加快,临近滴定终点,反应速度接着放慢。

【实验步骤】

1. 配制 150 mL 0.02 mol/L $KMnO_4$ 溶液(A 液)

称取 0.474 g $KMnO_4$ 于 500 mL 烧杯中,加入约 170 mL 水,盖上表面皿,加热至沸并保持微沸状态 15 ~ 20 min,中间可补充适量水,使溶液最后体积在 150 mL 左右。于暗处放置 7~10 d 后,用微孔玻璃漏斗滤去溶液中 MnO_2 等杂质,滤液贮存于有玻璃塞的棕色瓶中,摇匀后置于暗处保存,贴上标签。若将溶液煮沸后在沸水浴上保持 1 h,冷却并过滤后即可进行标定。

2. 配制 500 mL 0.002 mol/L $KMnO_4$ 溶液(B 液)

量取 50.0 mL A 液于 500 mL 试剂瓶,用新煮沸且刚冷却的蒸馏水稀释、定容并摇匀,避光保存,临时配制。

3. 配制 250 mL 0.005 mol/L $Na_2C_2O_4$ 标准溶液

准确称量 0.15~0.17 g $Na_2C_2O_4$ 于小烧杯中,加适量水使其完全溶解后以水定容于 250 mL 容量瓶中。

4. COD 的测定

用量筒量取 100 mL 充分搅拌的水样于 250 mL 锥形瓶中,加入 5 mL 1:3 H_2SO_4 溶液和几粒玻璃珠(防止溶液暴沸),由滴定管加入 10.00 mL $KMnO_4$ B 液,立即加热至沸腾。从冒出的第一个大气泡开始,煮沸 10 min(红色不应褪去,若褪去,应补加 B 液至样品呈现稳定的红色)。取下锥形瓶,放置 0.5~1.0 min,趁热由碱式滴定管准确加入 $Na_2C_2O_4$ 标准溶液 25.00 mL,充分摇匀,立即用 $KMnO_4$ B 液进行滴定。随着试液的红色褪去加快,滴定速度亦可稍快,滴定至试液呈微红色且 0.5 min 不褪去即为终点,消耗体积为 V_1,此时试液的温度应不低于 60 ℃。平行滴定三次,记录数据。

5. 标定 B 液的浓度

取步骤 4 滴定完毕的水样,加入 1:3 H_2SO_4 溶液 2 mL,趁热(75~85 ℃)准确移入 10.00 mL $Na_2C_2O_4$ 标准溶液,摇匀。再用 $KMnO_4$ B 液滴定至终点,记录所用滴定剂的体积,体积记录为 V_2。平行滴定三次,记录数据。

【实验数据记录及处理】

写出有关公式,将实验数据和计算结果填入实验表 11 中。计算出水中化学需氧量的大小,并计算三次测定结果的相对标准偏差。对标定结果要求相对标准偏差小于0.2%,对测定结果要求相对标准偏差小于0.3%。

实验表 11　COD 测定数据记录

滴定编号	1	2	3
V_1(mL)			
V_2(mL)			
COD 值			
COD 平均值			
相对平均偏差(%)			
相对标准偏差(%)			

请注意所有数据的有效数字。

COD 计算公式:

$$COD(O_2, mg/L) = \frac{[(10+V_1)(10.00/V_2) - 20] \times c_{Na_2C_2O_4} \times 16.00 \times 1000}{V_{水样}(mL)} \quad (14)$$

【注意事项】

1. 在水浴加热完毕后,溶液仍应保持淡红色,如变浅或全部褪去,说明高锰酸钾的用量不够。此时,应将水样稀释倍数加大后再测定。

2. 一点即滴定终点:滴定终点颜色出现半分钟不褪色即为终点到达。

【思考题】

1. 本实验的测定方法属于何种滴定方式?为何要采取这种方式?

2. 水样中 Cl^- 含量高时为什么对测定有干扰?应如何消除?

3. 测定水中的 COD 有何意义?有哪些测定方法?

【相关知识链接】

水的需氧量大小是水质污染程度的重要指标之一。它分为化学需氧量(COD)和生物需氧量(BOD)两种。COD 反映了水体受还原性物质污染的程度,这些还原性物质包括有机物、亚硝酸盐、亚铁盐、硫化物等。水被有机物污染是很普遍的,因此 COD 也作为有机物相对含量的指标之一。

实验六　分光光度法测定弱电解质电离常数

【实验目的】

1. 掌握一种测定弱电解质的电离常数的方法。
2. 掌握分光光度法测定甲基红电离常数的基本原理。
3. 熟悉分光光度计及 pH 计的原理和使用。

【主要仪器和试剂】

仪器:722 型分光光度计、紫外—可见光谱仪(Tu - 1901)、pHs - 3D 型酸度计、500 mL 容量瓶、100 mL 容量瓶、50 mL 量筒、100 mL 烧杯、移液管、洗耳球。

试剂:酒精(95%)、HCl(0.1 mol/L)、HCl(0.01 mol/L)、醋酸钠(0.04 mol/L)、甲基红溶液。

【实验原理】

根据朗伯—比尔(Lambert - Beer)定律,溶液对单色光的吸收遵守式(15):

$$A = -\lg \frac{It}{I_0} = \lg \frac{1}{T} = kbc = Kc \tag{15}$$

式中:A 为吸光度;It/I_0 为透光率 T;k 为摩尔吸光系数,它是溶液的特性常数;c 为溶液浓度;b 为溶液的厚度。

在分光光度分析中,将每一种单色光分别依次地通过某一溶液,测定溶液对每一种光波的吸光度,以吸光度 A 对波长 λ 作图,由图可以看出,对应于某一波长有一个最大的吸收峰,用这一波长的入射光通过该溶液就有最佳的灵敏度。

从式(15)可以看出,对于固定长度吸收槽,在对应的最大吸收峰的波长 λ 下测定不同浓度 c 的吸光度,就可以做出线性的 A—c,就是光度法的定量分析的基础。

以上讨论是对于单组分溶液的情况,对于含有两种以上组分的溶液,情况就要复杂一些。

(1)若两种被测定组分的吸收曲线彼此不相重合,这种情况就很简单,就等于分别测定两种单组分溶液。

(2)若两种被测定组分的吸收曲线相重合,且遵守朗伯—比尔定律,则可在两波长 λ_1 和 λ_2 时(λ_1、λ_2 分别是两种组分单独存在时吸收曲线最大吸收峰波长)测定其总吸光度,然后换算成被测定物质的浓度。

根据朗伯—比尔定律,假定吸收槽长度一定时,则

$$\left.\begin{array}{l}\text{对于单组分 A:} A_\lambda^A = K_\lambda^A c^A \\ \text{对于单组分 B:} A_\lambda^B = K_\lambda^B c^B \end{array}\right\} \qquad (16)$$

设 $A_{\lambda_1}^{A+B}$ 和 $B_{\lambda_2}^{A+B}$ 分别代表在 λ_1 和 λ_2 时混合溶液的总吸光度,则

$$A_{\lambda_1}^{A+B} = A_{\lambda_1}^A + A_{\lambda_1}^B = K_{\lambda_1}^A c^A + K_{\lambda_1}^B c^B \qquad (17)$$

$$A_{\lambda_2}^{A+B} = A_{\lambda_2}^A + A_{\lambda_2}^B = K_{\lambda_2}^A c^A + K_{\lambda_2}^B c^B \qquad (18)$$

$K_{\lambda_1}^A$、$K_{\lambda_1}^B$、$K_{\lambda_2}^A$、$K_{\lambda_2}^B$ 分别代表 λ_1 和 λ_2 时组分 A、B 吸光系数,由式(17)可得:

$$c^B = \frac{A_{\lambda_1}^{A+B} - K_{\lambda_1}^A c^A}{K_{\lambda_1}^B} \qquad (19)$$

将式(19)代入式(18)中:

$$c^A = \frac{K_{\lambda_1}^B A_{\lambda_2}^{A+B} - K_{\lambda_2}^B A_{\lambda_1}^{A+B}}{K_{\lambda_2}^A K_{\lambda_1}^B - K_{\lambda_2}^B A_{\lambda_1}^A} \qquad (20)$$

本实验是用分光光度法测定弱电解质(甲基红)的电离常数,由于甲基红本身带有颜色,而且在有机溶剂中电离度很小,所以用一般的化学分析法或者其他物理方法进行测定都有困难,但用分光光度法可不必将其分离,而同时能测定两组分的浓度。甲基红在有机溶剂中形成下列平衡:

酸式(HMR)红色

碱式(MR)黄色

甲基红的电离常数:

$$Ka = \frac{[H^+][c^B]}{[c^A]} \qquad (21)$$

$$\text{或 } pKa = pH - \lg\frac{[c^B]}{[c^A]} \qquad (22)$$

由式(22)知,只要测定溶液中 $[c^B]$ 与 $[c^A]$ 的浓度及溶液的 pH 值,即可求得甲基红的电离常数。

【实验步骤】

1. 制备溶液

(1)甲基红溶液:称取 1 g 甲基红,加入 300 mL 95% 的乙醇,用蒸馏水稀释至 500 mL 容量瓶中。

(2)甲基红标准溶液:取 10 mL 上述溶液,加入 50 mL 95% 乙醇,用蒸馏水稀释至 100 mL 容量瓶中。

(3)溶液 A:取 10 mL 甲基红标准溶液,加入 0.1 mol/L 盐酸 10 mL,用蒸馏水稀释至 100 mL 容量瓶中。

(4)溶液 B:取 10 mL 甲基红标准溶液,加入 0.04 mol/L 醋酸钠 25 mL,用蒸馏水稀释至 100 mL 容量瓶中。

溶液 A 的 pH 约为 2,甲基红以酸式存在。溶液 B 的 pH 约为 8,甲基红以碱式存在。将溶液 A、B 和空白液(蒸馏水)分别放入三个洁净的比色皿内,测定吸收光谱曲线。

2. 吸收光谱曲线的测定

(1)用 752 分光光度计测定溶液 A 和溶液 B 的吸收光谱曲线并求出最大吸收峰的波长。波长从 360 nm 开始,每隔 20 nm 测定一次(每改变一次波长都先用空白溶液校正),直至 620 nm 为止。由所得的吸光度 A 与 λ 作 $A-\lambda$ 曲线,从而求得溶液 A 和溶液 B 的最大吸收峰波长 λ_1 和 λ_2。亦可用紫外 – 可见光谱仪扫描溶液 A 和溶液 B,得到吸收光谱曲线,直接确定两种溶液的 λ_{max}。

(2)求 $K_{\lambda_1}^A$、$K_{\lambda_1}^B$、$K_{\lambda_2}^A$、$K_{\lambda_2}^B$。将 A 溶液用 0.01 mol/L HCl 稀释至开始浓度的 0.75 倍、0.50 倍、0.25 倍。B 溶液用 0.01 mol/L NaAc 稀释至开始浓度的 0.75、0.50、0.25 倍。并在溶液 A、溶液 B 的最大吸收峰波长 λ_1、λ_2 处测定上述各溶液的吸光度。如果在 λ_1、λ_2 处上述溶液符合朗伯—比耳定律,则可得四条 $A—c$ 直线,由此可求出 $K_{\lambda_1}^A$、$K_{\lambda_1}^B$、$K_{\lambda_2}^A$、$K_{\lambda_2}^B$。

3. 混合溶液的总吸光度及其 pH 的测定

(1)配制四个混合溶液

① 10 ml 标准溶液 + 25 mL 0.04 mol/L NaAc + 50 mL 0.02 mol/L LHAc,用蒸馏水稀释至 100 mL。

② 10 ml 标准溶液 + 25 mL 0.04 mol/L NaAc + 25 mL 0.02 mol/L HAc,用蒸馏水稀释至 100 mL。

③ 10 ml 标准溶液 + 25 mL 0.04 mol/L NaAc + 10 mL 0.02 mol/L LHAc,用蒸馏水稀释至 100 mL。

④ 10 ml 标准溶液 + 25 mL 0.04 mol/L NaAc + 5 mL 0.02 mol/L HAc,用蒸馏水稀释至 100 mL。

(2)条件允许,可用超级恒温水浴 25 ℃恒温 5 min 后再进行测量。

(3)用 λ_1、λ_2 的波长测定上述四个溶液的吸光度。

(4)测定上述四个溶液的 pH 值。

【实验数据记录及处理】

写出有关公式,将实验数据和计算结果填入实验表 12、实验表 13、实验表 14 和实验表 15。画出溶液 A、B 的吸收光谱曲线,求最大吸收峰 λ_1、λ_2,K,c^A,c^B,电离常数 Ka。

实验表 12　不同波长下 A、B 溶液吸光度数据记录

λ (nm)	360	380	400	420	440	460	480
A_λ^A							
A_λ^B							
λ (nm)	500	520	540	560	580	600	620
A_λ^A							
A_λ^B							

[注]或打印出吸收光谱曲线图。

实验表 13　溶液 A、B 浓度与吸光度数据记录

	1	0.75	0.5	0.25	0
$A_{\lambda_1}^A$					
$A_{\lambda_1}^B$					
$A_{\lambda_2}^A$					
$A_{\lambda_2}^B$					

实验表 14　混合物质吸光度数据记录

	混 1	混 2	混 3	混 4
$A_{\lambda_1}^{A+B}$				
$A_{\lambda_2}^{A+B}$				

实验表 15　混合物质 pH 数据记录

	混 1	混 2	混 3	混 4
pH				

【注意事项】

1. 使用 722 型分光光度计时,电源部分需加稳压电源,以保证测定数据稳定。

2. 使用 722 型分光光度计时,应先预热约 0.5 h,然后用参比溶液校正。操作时要轻开轻关,防止损坏光门。为了延长光电管的寿命,在不进行测定时,应将暗室盖子打开,否则会使光电管疲劳,数字显示不稳定。仪器连续使用时间不超过 2 h。

3. 比色槽应配套使用,不能随意交换。

4. 本实验 pH 计使用的是复合电极,使用前应在 3 mol/L KCl 溶液中浸泡一昼夜。复合电极的玻璃电极很薄,易碎,不可与硬物相撞。而且每更换一次溶液,玻璃电极都要冲洗并用卷纸吸干。

5. pH 计使用前预热 20 ~ 30 min,并须先用缓冲溶液作校正。

【思考题】

1. 为什么加入 NaAc 甲基红会变黄?

2. 制备溶液时,所用的 HCl、NaAc、HAc 溶液起什么作用?

3. 用分光光度法测定时,为什么用空白溶液矫正零点? 理论用什么溶液矫正? 本实验用的是什么? 为什么?

【相关知识链接】

甲基红,化学式为 $C_{15}H_{15}N_3O_2$,分子量 269.3,为有光泽的紫色结晶或红棕色粉末,溶于乙醇和乙酸,几乎不溶于水。常用作酸碱指示剂,pH 变色范围 4.4(红)~6.2(黄),滴定氨、弱有机碱和生物碱,也可与溴甲酚绿和亚甲基蓝组成混合指示剂以缩短变色域和提高变色的敏锐性。目前,甲基红指示剂的配制方法主要有两种,分别是乙醇溶解法和氢氧化钠溶解法。

在印染行业中,甲基红曾经因价格低廉,易于制备,在布料染业和化工工业有着广泛的应用。目前,甲基红已经作为染料废水中主要污染物之一,科研工作者探索各种方法如臭氧 - 活性炭组合工艺对其进行降解。

结构:

第二部分 | **基础实验**

基础仪器分析实验

实验七 火焰原子吸收光谱法测定水中的镉

【实验目的】

1. 掌握火焰原子吸收光谱仪的操作技术。
2. 优化火焰原子吸收光谱法测定水中镉的分析条件。
3. 熟悉标准曲线制作方法。

【主要仪器和试剂】

仪器:原子吸收分光光度计(TAS-986)、1000 mL 容量瓶、100 mL 容量瓶、移液管、烧杯、玻璃棒。

试剂:1.0 mg/mL 的镉储备液、Cd^{2+} 标准溶液、标准系列溶液的配制、含镉废水。

【实验原理】

1. 原子吸收光谱分析基本原理

原子吸收光谱法(AAS)是一种广泛应用的测定金属元素的方法。它是一种基于在蒸气状态下对待测元素基态原子共振线吸收进行定量分析的方法。由待测元素纯金属或合金制成空心阴极灯发射出一定强度和波长的特征谱线的光,当它通过含有待测元素的基态原子蒸汽时,原子蒸汽对这一波长的光产生吸收,未被吸收的特征谱线的光经过单色器分光后,照射到光电检测器上被检测,根据该特征谱线光吸收强度,即可测得试样中待测元素的含量。

火焰原子吸收光谱法是利用火焰的热能,使试样中待测元素转化为基态原子的方法。常用的火焰为空气—乙炔火焰,其绝对分析灵敏度可达到 10^{-9} g,可用于常见的 30 多种元素的分子,应用最为广泛。

原子吸收光谱中一般采用空心阴极灯发射的共振线,空心阴极灯是锐线光源。这种方法简单快速、选择性好、灵敏度高、精敏度和准确度高。在原子吸收光谱中,不同类型的干扰将严重影响测定方法的准确性。干扰一般有物理干扰、化学干扰和光谱干扰。物理干扰和化学干扰会改变火焰中原子数量,光谱干扰影响原子吸收信号的准确性。干扰可以通过选择适当的实验条件和对试样进行预处理减少或消除。从火焰的温度和组成作慎重选择。

2. 标准曲线绘制方法

在一定浓度范围内,被测元素的浓度(c)、入射光强(I_0)和透射光强(It)符合 Lambert – Beer 定律:

$$A = -\lg \frac{It}{I_0} = kbc$$

式中:k 为被测组分对某一波长光的吸收系数,b 为光经过的火焰的长度。根据上述关系,配制已知浓度的标准溶液系列,在一定的仪器条件下,依次测定其吸光度,以加入的标准溶液的浓度为横坐标,相应的吸光度为纵坐标,绘制标准曲线。试样经适当处理后,在与测量标准曲线吸光度相同的实验条件下测量其吸光度,在标准曲线上即可查出试样溶液中被测元素的含量,再换算成原始试样中被测元素的含量。

【实验步骤】

1. 溶液配置

（1）1.0 mg/mL 的镉储备液的配置

称取 1.1423 g 优级纯氧化镉（CdO）于烧杯中,加入 20 mL 的 7 mol/L HNO₃ 溶解,用 5% HNO₃（体积分数）移入 1000 mL 聚乙烯容量瓶中,并稀释至刻度,摇匀。

（2）Cd²⁺ 标准溶液的配置

从 1.0 mg/mL 的 Cd²⁺ 储备溶液中移取 10 mL,用 5% HNO₃ 将其定容至 100 mL,得 100 g/mL 标准中间液。再从标准中间液中移取 10 mL 至 100 mL 容量瓶中,用 5% HNO₃ 将其定容,得到 10 g/mL 标准溶液。

（3）标准系列溶液的配置

用 10 mL 移液管分别吸取 0.00 mL、2.00 mL、4.00 mL、6.00 mL、8.00 mL、10.00 mL 的镉溶液于 5 个 100 mL 容量瓶中,用 5% HNO₃ 稀释到刻度线,摇匀。此体积系列标准溶液分别含镉 0.0 g/mL、0.2 g/mL、0.4 g/mL、0.6 g/mL、0.8 g/mL、1.0 g/mL。

2. 调试仪器并点火

实验条件设定 L:双击电脑桌面上"AAwin"控制软件,进入仪器"自动初始化窗口";待仪器自检结束,按照提示依次进行"工作灯"和"预热灯"的选择、"寻峰""扫描"过程,工作灯设定完成后,进入"设置",并根据实验条件"测量参数"。根据标准液类型、浓度和待测样品类型等已知信息,"设置""样品测量向导"相关信息,"完成"后测量窗口中显示出实验过程提示信息。

仪器点火:检查乙炔钢瓶使之处于关闭状态,打开无油空气压缩机工作开关和风机开关,调节压力表为 0.2 ~ 0.3 MPa,打开乙炔钢瓶调节压力至 0.05 ~ 0.1 MPa,单击控制软件界面上"点火"。

3.制作标准曲线并测定未知液

在设定实验条件下,以5% HNO_3 为空白样品"校零",再依次由稀到浓测定所配制的标准系列溶液、未知液的吸光度值。最后根据测定数据,绘制标准曲线,计算水样中镉含量。

4.结束测试并关机

实验完毕,吸取蒸馏水5 min以上,关闭乙炔,火灭后退出测量程序,关闭主机、电脑和空气压缩机电源,按下空气压缩机排水阀。

【实验数据记录及处理】

1.实验条件记录

(1)吸收线波长(nm)＿＿＿＿＿＿＿　(2)空心阴极灯电流(mA)＿＿＿＿＿＿

(3)空气流量(L/mm)＿＿4.5＿＿　(4)燃烧器高度、位置(mm)＿＿＿＿＿

(5)乙炔流量(L/mm)＿＿1.5＿＿　(6)狭缝(mm)＿＿＿＿＿＿

2.根据标准样品数据,绘制标准曲线,并在标准曲线上找出样品溶液的浓度。

实验表16

标液浓度 （g/mL）	0.00	0.2	0.4	0.6	0.8	1.0
A						

3.根据镉标准溶液系列吸光度值,以吸光度为纵坐标,质量浓度为横坐标,利用计算机绘制标准曲线,作出回归方程,计算相关系数。

4.计算未知水样的吸光度值,依照标准曲线计算出镉的含量。

【注意事项】

1.本实验所使用易燃气体乙炔,故在实验室严禁烟火,以免发生事故。

2.点燃火焰时,必须先开空气,后开乙炔,熄灭火焰时,则应先关乙炔,后关空气,防止回火,爆炸事故的发生。

【思考题】

1.简述原子吸收分光光度分析的基本原理。

2.原子吸收分光光度分析为何要用待测元素的空心阴极灯做光源? 能否用氢灯或钨灯代替,为什么?

3.如何选择最佳的实验条件?

4.简述原子吸收分光光度计的主要结构及每部分的作用。

5. 原子吸收光谱法的主要干扰有哪些？怎样消除干扰？

【相关知识链接】

镉，英文 cadmium，源自 kadmia，"泥土"的意思，1817 年被发现，和锌一同存在于自然界中。镉为稀有元素，化学元素符号 Cd，呈银白色，熔点 320.9 ℃。沸点 766 ℃，密度 8.64 g/cm³，能导电，导热，有延展性。镉为稀有元素，地壳中镉含量为 0.1~0.5 ppm。镉是作为副产品从锌矿石或硫镉矿中提炼出来的，大多用来保护其他金属免受腐蚀和锈损，如电镀钢、铁制品、铜、黄铜及其他合金。另一种广泛用途是制造一种叫作镉黄的亮黄色颜料，可用作高级油漆和绘画颜料。

绝大多数淡水的含镉量低于 1 μg/L，海水中镉的平均溶度为 0.15 μg/L。镉的主要污染源是电镀、采矿、冶炼、染料、电池和化学工业等排放的废水。2019 年，镉及镉化合物被列入有毒有害水污染物名录（第一批）。

环境监测中测定镉的常用方法有：原子荧光光谱法、原子吸收分光光度法、双硫腙分光光度法、阳极溶出伏安法和示波极谱法等。

实验八 ICP – AES 测定水样中的微量 Cu、Fe 和 Zn

【实验目的】

1. 掌握 ICP – AES 的测定方法原理和操作技术。
2. 评价 ICP – AES 测定水样中 Cu、Fe 和 Zn 的分析性能。

【主要仪器和试剂】

仪器:美国 PerkinElmer 公司 OPTIMA 7000 系列电感耦合等离子体原子发射光谱仪、50 mL 容量瓶、移液管、玻璃棒、烧杯。

试剂:$CuSO_4$(A. R.)、$Zn(NO_3)_2$(A. R.)、$Fe(NH_4)_2 \cdot (SO_4)_2 \cdot 6H_2O$(A. R.)、$HNO_3$(G. R.)、配制用水均为二次蒸馏水。

【实验原理】

原子发射光谱法(Atomic Emission Spectrometry,AES),是利用物质在热激发或电激发下,每种元素的原子或离子发射特征光谱来进行元素的定性与定量分析的方法。原子发射光谱法可对约 70 种元素(金属元素及磷、硅、砷、碳、硼等非金属元素)进行分析。一般光源检出限可达 $g \cdot mL^{-1}$,精密度为 $\pm 10\%$ 左右,线性范围约 2 个数量级。采用 ICP 作为光源,检出限可降至 $10^{-3} \sim 10^{-4} g \cdot mL^{-1}$,精密度可达 $\pm 1\%$ 以下,线性范围可扩大至 $4 \sim 6$ 数量级。这种方法可有效地用于测量高、中、低含量的元素。

ICP(Inductive Coupled Plasma)电感耦合等离子体是目前用于原子发射光谱的先进(或新型)光源。当有高频电流通过 ICP 装置中线圈时,产生轴向磁场,这时若用高频点火装置产生火花,形成的载流子(离子与电子)在磁场作用下,与原子碰撞并使之电离,形成更多的载流子,当载流子多到足以使气体(如氩气)有足够的导电率时,在垂直于磁场方向的截面上就会感生出流经闭合圆形路径的涡流。强大的感生电流产生高热又促进气体电离,瞬间使气体形成最高温度达 10000 K 的稳定的等离子炬。感应线圈将能量耦合给等离子体,并维持等离子炬。ICP 具有环形结构、温度高、电子密度高、惰性气氛等特点,用它做激发光源具有检出限低、线性范围广、电离和化学干扰少、准确度和精密度高等分析性能。

ICP – AES 包括:高频发生器、等离子矩管、试样雾化器、光谱系统。

原子发射光谱仪工作流程图如实验图 1 所示：

实验图 1　原子发射光谱仪工作流程图

其分析信号源于原子/离子发射谱线,液体试样由雾化器引入 Ar 等离子体(6000 K 高温),经干燥、电离、激发产生具有特定波长的发射谱线,波长范围在 120 ~ 900 nm 之间,即位于近紫外、紫外和可见光区域。发射光信号经过单色器分光、光电倍增管或其他固体检测器将信号转变为电流进行测定。此电流与分析物的浓度之间具有一定的线性关系,使用标准溶液制作工作曲线可以对某未知试样进行定量分析。

ICP - AES 特点:

(1)温度高,惰性气氛,原子化条件好,有利于难熔化合物的分解和元素激发,有很高的灵敏度和稳定性。

(2)"趋肤效应",涡电流在外表面处密度大,使表面温度高,轴心温度低,中心通道进样对等离子的稳定性影响小,有效消除自吸现象,线性范围宽(4 ~ 5 个数量级)。

(3)ICP 中电子密度大,碱金属电离造成的影响小。

(4)Ar 气体产生的背景干扰小。

(5)无电极放电,无电极污染。

【实验步骤】

1. ICP AES 测定条件

工作气体:氩气;冷却气流量为 14 L/min;载气流量为 1.0 L/min;辅助气流量为 0.5 L/mim。雾化器压力为 30.06 psi①。

分析波长:Cu 为 324.75 nm,Fe 为 259.94 nm,Zn 为 213.86 nm。

2. 标准溶液的配制

铜储备液:准确称取 0.126 g $CuSO_4$(F.w. 159.61 g)于 50 mL 容量瓶,加入 1%(V/V)硝酸定容至 50 mL,配置 1 mg/mLCu(Ⅱ)储备液。

锌储备液:准确称取 0.097 g $ZnNO_3$(A R)(F.W. 127.39 g)于 50 mL 容量瓶,加入 1%(V/V)硝酸定容至 50 mL,配制 1 mg/mL Zn(Ⅱ)储备液。

铁储备液:准确称取 0.351 g $Fe(NH_4)_2 \cdot (SO_4)_2 \cdot 6H_2O$(A. R.)(F.W. 392.14 g)于 50 mL 容量瓶,加入 1%(V/V)硝酸定容至 50 mL,配制 1 mg/mL Fe(Ⅱ)储备液。

Cu(Ⅱ),Fe(Ⅱ),Zn(Ⅱ)的混合标准溶液:分别取 1 mg/mLCu(Ⅱ),Fe(Ⅱ),Zn(Ⅱ)的标准溶液配制成浓度为 0.010 μg/mL,0.030 μg/mL,0.100 μg/mL,0.300 μg/mL,

① 1 psi = 6.895 kPa

1.00 μg/mL,3.00 μg/mL,10.00 μg/mL,30.00 μg/mL,100.00 ug/mL 的混合标准系列溶液。

空白溶液:配制 1%(V/V)硝酸溶液。

3.试样制备

自来水经过滤处理后即可。

4.ICP AES 仪器操作

(1)开机程序

① 检查外电源及氩气供应。

② 检查排废、排气是否畅通,室温控制在 15～30 ℃。

③ 装好进样管、废液管。

④ 打开供气开关。

⑤ 开启空压机、冷却器和主机电源。

⑥ 打开计算机,点燃等离子体。

⑦ 进入到方法编辑页面。

⑧ 在方法编辑页面里,分别输入被测元素的各种参数。

⑨ 按下述操作进行分析测试。

(2)工作曲线和试样分析

① 吸入空白溶液,得到空白溶液中 Cu(Ⅱ),Fe(Ⅱ),Zn(Ⅱ)的发射信号强度。

② 由低浓度至高浓度分别吸入混合标准溶液,得到不同浓度所对应的 Cu(Ⅱ),Fe(Ⅱ),Zn(Ⅱ)的发射信号强度。

③ 吸入空白溶液,冲洗进样系统。

④ 吸入样品溶液,分别得到 Cu(Ⅱ),Fe(Ⅱ),Zn(Ⅱ)的发射信号强度。

⑤ 吸入自来水样品溶液,分别得到 Cu(Ⅱ),Fe(Ⅱ),Zn(Ⅱ)的发射信号强度。

⑥ 吸入空白溶液,冲洗进样系统后,结束实验。

(3)关机程序

① 吸入蒸馏水清洗雾化器 10 min。

② 关闭等离子体。

③ 退出方法编辑页面。

④ 关主机电源、冷却器、空压机,排除空压机中的凝结水。

⑤ 按要求关闭计算机。

⑥ 松开进样管、废液管。

【实验数据记录及处理】

1.工作曲线和试样分析

应用 ICP 软件,制作 Fe,Zn 和 Cu 的工作曲线。在 ICP AES 分析中,常存在与基体相关的背景信号,这可以用空白溶液校正并将其设为零点。

(1)打印出软件制作的工作曲线。

(2)评价工作曲线的线性。

(3)计算原试样中 Fe,Zn 和 Cu 的含量。

2.精密度

重复 10 次测定一低浓度 Fe,Zn 和 Cu 标液,计算 RSD。

3.检出限

重复 10 次测定空白溶液计算 S_b,结合工作曲线斜率计算检出限。

【注意事项】

1.测试完毕后,进样系统用去离子水喷洗 3 min,再关机,以免试样沉积在雾化口和石英炬管口。

2.先降高压,熄灭 ICP 焰炬,再关冷却气、冷却水。

3.等离子体发射很强的紫外光,易伤眼睛,应通过有色玻璃防护窗观察 ICP 焰炬。

【思考题】

1.描述 ICP 中等离子体是怎样产生和维持的?

2.说明 ICP 与传统光源相比存在哪些优势?

【相关知识链接】

等离子体(plasma)是一种电离度大于 0.1% 的气体,含有一定浓度阴离子、阳离子、自由电子、中性原子与分子,在总体上呈电中性的气体混合物。等离子体作为一种光源是 20 世纪 60 年代发展起来的一类新型发射光谱分析用光源。通常用氩等离子体进行发射光谱分析,虽然也会存在少量试样产生的阳离子,但是氩离子和电子是主要导电物质。在等离子形成的氩离子能够从外光源吸收足够的能量,并将温度维持在较高水平,使其进一步离子化,一般温度可达 10000K。目前,高温等离子体主要有三种:电感耦合等离子体(inductively coupled plasma,ICP);直流等离子体(direct current plasma,DCP);微波诱导等离子体(microwave induced plasma,MIP)。其中尤以电感耦合等离子体光源应用最广。

ICP – AES 测试法是快速测定微量、痕量成分的有效分析方法之一,在材料化学分析领域里具有越来越广泛的应用。据新近报道,该方法已被用来测定铬铁中痕量硼,测定高镍铜样品中金、铂、钯,测定酚醛树脂中杂质元素,测定生态砖中硅、铝、铁、钛、钙、镁,测定陶瓷材料中常量元素,测定玩具材料及涂层中有害重金属特定可迁移元素等。

实验九　紫外分光光度法测定蛋白质含量

【实验目的】

1.学习紫外光度法测定蛋白质含量的原理。

2.掌握紫外分光光度法测定蛋白质含量的实验技术。

3.掌握紫外可见分光光度计的使用方法并了解此仪器的主要构造。

【主要仪器和试剂】

仪器:紫外可见分光光度计(美国铂金埃尔默公司 PerkinElmer)、10 mL 比色管、1 cm 石英比色皿、移液管。

试剂:标准蛋白质溶液 3.00 mg/mL、0.9% NaCl 溶液、试样蛋白质溶液。

【实验原理】

测定蛋白质含量的方法主要有紫外吸收、微量凯氏定氮法、双缩脲法、Folin—酚试剂法等。本实验采用紫外分光光度法。

紫外可见吸收光谱法又称紫外可见分光光度法,它是研究分子吸收 190 ~ 750 nm 波长范围内的吸收光谱,是以溶液中物质分子对光的选择性吸收为基础而建立起来的一类分析方法。紫外可见吸收光谱的产生是由于分子的外层价电子跃迁的结果,所以,又称为电子光谱。其吸收光谱为分子光谱,在电子跃迁的同时,伴随着振动和转动能级的跃迁,是带光谱。

定性分析:利用紫外可见吸收光谱法进行定性分析一般采用光谱比较法。即将未知纯化合物的吸收光谱特征,如吸收峰的数目、位置(最大吸收波长值)、相对强度以及吸收峰的形状与已知纯化合物的吸收光谱进行比较。

定量分析:紫外可见吸收光谱法进行定量分析的依据是朗伯 – 比尔定律: $A = \lg I_0/I = \varepsilon bc$,当入射光波长 λ 及光程 b 一定时,在一定浓度范围内,有色物质的吸光度 A 与该物质的浓度 c 成正比,即物质在一定波长处的吸光度与它的浓度成线形关系。因此,通过测定溶液对一定波长入射光的吸光度,就可求出溶液中物质浓度和含量。由于最大吸收波长 λ_{max} 处的摩尔吸收系数最大,通常都是测量 λ_{max} 的吸光度,以获得最大灵敏度。

光度分析时,分别将空白溶液和待测溶液装入厚度为 b 的两个吸收池中,让一束一定波长的平行单色光分别照射空白和待测溶液,以通过空白溶液的透光强度为 I_0 ,通过待测溶液的透光强度为 I ,根据上式,由仪器直接给出 I_0 与 I 之比的对数值即吸光度。

紫外可见吸收光谱法所采用的仪器称为分光光度计,它的主要部件有五个部分组成,如实验图2所示:

样品 → 单色器 → 吸收池 → 检测器 → 信号显示器

实验图2　分光光度计的组成

由光源发出的复合光经过单色器分光后即可获得任一所需波长的平行单色光,该单色光通过样品池的样品溶液吸收后,透过光照到光电管或光电倍增管等检测器上产生光电流,产生的光电流由信号显示器直接读出吸光度 A。可见光区采用钨灯光源、玻璃吸收池;紫外光区采用氘灯光源、石英吸收池。

蛋白质中酪氨酸和色氨酸残基的苯环含有共轭双键,因此,蛋白质具有吸收紫外光的性质,其最大吸收峰位于280 nm 附近(不同的蛋白质吸收波长略有差别)。在最大吸收波长处,吸光度与蛋白质溶液的浓度的关系服从朗伯—比尔定律。该测定法具有简单灵敏快速、高选择性、且稳定性好、干扰易消除、不消耗样品、低浓度的盐类不干扰测定等优点。

根据朗伯—比尔定律: $A = \varepsilon bc$,先绘出以吸光度 A 为纵坐标,浓度 c 为横坐标的标准曲线,再测出试液的吸光度,就可以由标准曲线查得对应的浓度值,即未知样的含量。

【实验步骤】

1. 准备工作

(1)打开计算机主机电源开关,启动工作站并初始化仪器。

(2)在界面上选择测量项目(光谱扫描,光度测量),本实验选择光度测量,设置测量条件(测量波长等)。

(3)空白溶液放入测量池中,单击 START 扫描空白,单击 ZERO 校零。

2. 吸收曲线

量取 2 mL 3.00 mg/mL 标准蛋白质溶液于10 mL 比色管中,用0.9% NaCl 溶液稀释至刻度,摇匀。用1 cm 石英比色皿,以0.9% NaCl 溶液作为参比溶液,在190~400 nm 间隔5 nm 测一次吸光度,记录数据并作图。

3. 绘制标准曲线

用移液管分别吸取1.0 mL、1.5 mL、2.0 mL、2.5 mL、3.0 mL 3.00 mg/mL 标准蛋白质溶液于10 mL 比色管中,用0.9% NaCl 溶液稀释至刻度,摇匀。用1 cm 石英比色皿,以0.9% NaCl 溶液作为参比溶液,在波长280 nm 处分别检测其吸光度,记录数据并作图。

4. 样品测定

取适量浓度试样蛋白质溶液,在波长280 nm 处测量其吸光度,重复三次。

【实验数据记录及处理】

1.以波长为横坐标,吸光度为纵坐标,绘制吸收曲线,找到最大吸收波长。

实验表 17　吸收曲线

λ/nm	吸光度	λ/nm	吸光度	λ/nm	吸光度	λ/nm	吸光度
400		345		290		235	
395		340		285		230	
390		335		280		225	
385		330		275		220	
380		325		270		215	
375		320		265		210	
370		315		260		205	
375		310		255		200	
360		305		250		195	
355		300		245		190	
350		295		240			

2.以标准蛋白质溶液浓度为横坐标,吸光度为纵坐标绘制标准曲线。

实验表 18　标准曲线

浓度 c(mol/mL)	0.3	0.45	0.6	0.75	0.9
吸光度					

3.根据蛋白质溶液的吸光度,从标准曲线上查出待测蛋白的浓度。

【注意事项】

1.绘制标准曲线时,蛋白质溶液浓度要准确配制,作为标准溶液。

2.测量吸光度时,比色皿要保持洁净,切勿用手玷污其光面。

3.石英比色皿使用时要小心。

【思考题】

1.紫外分光光度法测定蛋白质含量的方法有何优缺点?

2.紫外分光光度法受哪些因素的影响和限制?

【相关知识链接】

蛋白质(protein)是大型生物分子或高分子,它是由氨基酸以"脱水缩合"的方式组成的多肽链经过盘曲折叠形成的具有一定空间结构的物质。蛋白质是构成人体组织器官的支架和主要物质,在人体生命活动中,起着重要作用,可以说没有蛋白质就没有生命活动的存在。每天的饮食中蛋白质主要存在于瘦肉、蛋类、豆类及鱼类中。

氨基酸是组成蛋白质的基本单位,氨基酸通过脱水缩合连成肽链。蛋白质是由一条或多条多肽链组成的生物大分子,每一条多肽链有二十至数百个氨基酸残基(－R)不等;各种氨基酸残基按一定的顺序排列。蛋白质的不同在于其氨基酸的种类、数目、排列顺序和肽链空间结构的不同。蛋白质结构层次的比较如实验图3所示。

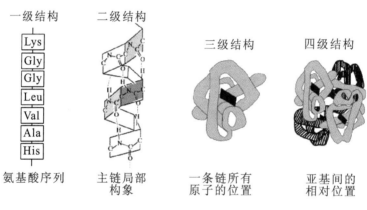

实验图3　蛋白质结构层次的比较

食入的蛋白质在体内经过消化被水解成氨基酸被吸收后,合成人体所需蛋白质,同时新的蛋白质又在不断代谢与分解,时刻处于动态平衡中。因此,食物蛋白质的质和量、各种氨基酸的比例,关系到人体蛋白质合成的量,尤其是青少年的生长发育、孕产妇的优生优育、老年人的健康长寿。蛋白质又分为完全蛋白质和不完全蛋白质。富含必需氨基酸,品质优良的蛋白质统称完全蛋白质,如奶、蛋、鱼、肉类等属于完全蛋白质,植物中的大豆亦含有完全蛋白质。缺乏必需氨基酸或者含量很少的蛋白质称不完全蛋白质,如谷、麦类、玉米所含的蛋白质和动物皮骨中的明胶等。

实验十　不同物态样品红外透射光谱的测定

【实验目的】

1.掌握用红外光谱仪测定物质结构的基本原理。

2.掌握用红外光谱仪测定物质结构的实验方法。

3.了解红外光谱仪的基本构造,初步学会红外光谱的解析方法。

【主要仪器和试剂】

仪器:Nicolet Is10 红外光谱仪、手动压片机、玛瑙研钵、红外灯、镊子。

试剂:对硝基苯甲酸、苯乙酮、聚苯乙烯、滑石粉、溴化钾粉末(光谱纯)、无水乙醇(AR)、丙酮、脱脂棉。

【实验原理】

红外吸收光谱法是通过研究物质结构与红外吸收光谱间的关系从而对物质进行分析。根据实验所测得的红外光谱图的吸收峰位置、强度和形状,利用基团振动频率与分子结构的关系,进一步确定这些吸收带的归属,从而确认分子中所含的基团或键,并推断分子的结构。

当一束具有连续波长的红外光通过物质,物质分子中某个基团的振动频率或转动频率和红外光的频率一样时,分子就吸收能量由原来的基态振(转)动能级跃迁到能量较高的振(转)动能级,分子吸收红外辐射后发生振动和转动能级的跃迁,该处波长的光就被物质吸收,将分子吸收红外光的情况用仪器记录下来,就得到红外光谱图。

红外光谱图通常用波长(λ)或波数(σ)为横坐标,表示吸收峰的位置,用透光率($T\%$)或者吸光度(A)为纵坐标,表示吸收强度。根据实验技术和应用的不同,将红外光划分为三个区域:近红外($0.75 \sim 2.5$ μm;$13158 \sim 4000$ cm^{-1}),中红外区($2.5 \sim 25$ μm;$4000 \sim 400$ cm^{-1})和远红外区($25 \sim 1000$ μm;$400 \sim 10$ cm^{-1})分子振动伴随转动大多在中红外区,一般的红外光谱都在此波束区间进行检测。

红外光谱仪主要由红外光源、迈克尔逊干涉仪、检测器、计算机和记录系统五部分组成;红外光经迈克尔逊干涉仪照射样品后,再经检测器将检测到的信号以干涉图的形式送往计算机,进行傅里叶变化的数学处理,最后得到红外光谱。构造示意图和实物图如实验图4所示。不同的样品状态(固体、液体、气体、薄膜以及黏稠样品)需要相应的制样方法。制样方法的选择,制样技术的好坏直接影响谱带的频率、数目和强度。

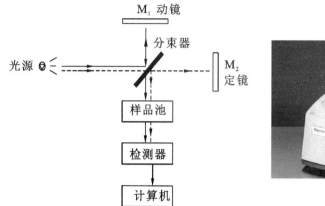

实验图4　红外光谱仪的构造示意图和实物图

【实验步骤】

1. 准备

（1）仪器预热

打开红外光谱仪电源开关,待仪器稳定 30 min 以上。

（2）参数设置

打开电脑,打开 OMNIC 软件;在 Collect 菜单下的 Experiment Set-up 中设置实验参数:实分辨率 4 cm^{-1},扫描次数 32 次,扫描范围 4000 ~ 400 cm^{-1};纵坐标为透过率。

2. 固体样品的制备及测试

（1）固体样品制备

在红外灯下,采用压片法,将未知固体样品研成 2 μm 左右的粉末样品 1 ~ 2 mg 与 100 ~ 200 mg 光谱纯 KBr 粉末混匀再研磨后,放入压模内,在压片机上加压,压力 10 MPa,制成厚约 1 mm 直径约 10 mm 的透明薄片。

（2）测试

采集背景后,将此片装于样品架上,进行扫描,看透光率是否超过 40%,若达到,测试结果正常,若未达到 40%,需根据情况增减样品量后,重新压片。扫谱结束后,取下样品架,取出薄片,按要求将模具、样品架等清理干净,妥善保存。

3. 液体样品的制备及测试

（1）液体样品制备

将可拆式液体样品池的盐片从干燥器中取出,在红外灯下用少许滑石粉混入几滴无水乙醇磨光其表面。再用几滴无水乙醇清洗盐片后,置于红外灯下烘干备用。将盐片放在可拆液池的孔中央,将另一盐片平压在上面,拧紧螺钉,组装好液池。

（2）测试

将组装好的液池,置于光度计样品托架上,进行背景扫谱。然后拆开液池,在盐片上滴一滴液体试样,将另一盐片平压在上面(不能有气泡)组装好液池。同时进行样品扫描,获得样品的红外光谱图。扫谱结束后,将液体吸收池拆开,及时用丙酮洗去样品,并将盐片保存在干燥器中。

4.薄膜样品的制品及测试

可将聚苯乙烯压平,直接夹在样品支架上测试;也可将聚苯乙烯溶于二氯甲烷中,滴在溴化钾红外晶片上,待溶剂完全挥发后可得样品的薄膜,放置在样品架上测定光谱图。

【实验数据记录及处理】

用 Origin 软件处理所得数据,得到样品的红外光谱图,与标准谱图进行对比,确定样品是何物质。

【注意事项】

1.保持仪器中分束器干燥。

2.所用红外附件、压片模具及各种样品池等,使用完后及时用无水乙醇清洗,自然晾干后放入干燥箱保存。

3.红外灯下清洗盐片,不可离灯太近,否则移开灯时温差较大,导致盐片碎裂。

【思考题】

1.红外光谱法测量物质有哪些优点和局限性?

2.红外光谱法为什么常用溴化钾为载体? 为什么实验过程中要保持干燥?

【相关知识链接】

苯乙酮的标准红外光谱为:在·3000 cm^{-1} 附近有四个弱吸收峰,对应苯环及 CH_3 的 C—H 伸缩振动;在 1600 ~ 1500 cm^{-1} 处有 2 ~ 3 个峰,是苯环的骨架振动;在指纹区 760 cm^{-1}、692 cm^{-1} 处有 2 个峰;在 1687 cm^{-1} 处强吸收峰为 C = O 的伸缩振动,在 1265 cm^{-1} 出现强吸收峰,这是芳香酮的吸收;在 1363 cm^{-1} 及 1430 cm^{-1} 处的吸收峰分别为 CH_3 的 C—H 对称及反对称变形振动。

对硝基苯甲酸的标准红外光谱为:在 3020 cm^{-1} 的吸收峰是苯环上的 =C—H 伸缩振动引起的。在 1605 cm^{-1}、1511 cm^{-1} 的吸收峰是苯环骨架 C = C 伸缩振动引起的。在 817 cm^{-1} 的吸收峰为苯环上的对位取代;在 3000 cm^{-1} 左右和 1400 cm^{-1} 左右的吸收峰是酸的吸收,在 1530 cm^{-1}、1300 cm^{-1} 处是基团—NO_2 的吸收峰。

实验十一　荧光分光光度法测定荧光素钠的含量

【实验目的】

1. 学习荧光分光光度法测定荧光素钠的分析原理。
2. 掌握荧光分光光度计的操作技术和测定荧光素钠的方法。

【主要仪器和试剂】

仪器：日立荧光分光光度计（F－7000）、石英比色皿、10 mL 量筒、500 mL 容量瓶、10 mL 容量瓶、烧杯、玻璃棒。

试剂：荧光素钠。

【实验原理】

常温下，处于基态的分子吸收一定的紫外可见光的辐射能成为激发态分子，激发态分子通过无辐射跃迁至第一激发态的最低振动能级，再以辐射跃迁的形式回到基态，发出比吸收光波长更长的光而产生荧光。以测量荧光的波长和强度为基础的分析方法叫作荧光分光光度法。

在稀溶液中，荧光强度 I_F 与物质的浓度 c 有以下的关系：

$$I_F = 2.303\phi I_0 \varepsilon b c \tag{23}$$

当实验条件一定时，荧光强度 I_F 与荧光物质的浓度 c 成线性关系：

$$I_F = Kc \tag{24}$$

式（24）这是荧光光谱法定量分析的理论依据。

荧光分光光度计（实验图5）由五部分构成，包括光源、单色器1、样品池、单色器2、检测器。荧光分析仪器与紫外可见分光光度计比较主要差别有两点：

（1）光源：紫外可见分光光度计常用卤钨灯和氘灯作光源；荧光分光光度计常采用高压汞灯或氙灯做光源。

（2）紫外可见分光光度计光源、样品池和检测器在一条直线上，而在荧光分光光度计中则呈直角分布，荧光分析仪器有两个单色器，以获得单色性较好的激发光和发射光（荧光），消除杂散光干扰。

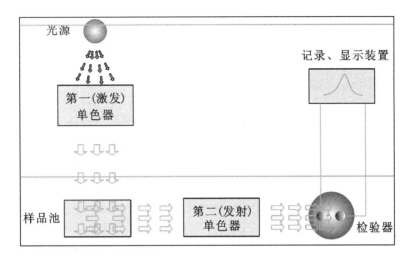

实验图5 荧光分光光度计结构示意图

【实验步骤】

1. 标准溶液配制

称取 0.25 g 荧光素钠,加蒸馏水配制成 500 mL 溶液,则溶液浓度为 0.5 μg/mL,依次移取此溶液 2.0 mL、4.0 mL、6.0 mL、8.0 mL、10.0 mL 于 10 mL 容量瓶中,并用蒸馏水稀释至刻度线,摇匀后,待测定各标准溶液的荧光强度。

2. 测量最大激发波长和最大发射波长

（1）准备

打开主机,检查氙灯电是否开启,然后打开计算机启动工作站并初始化仪器,初始化结束预热 30 min。单击 Method ——在 Analysis ——Method 中进行参数设定——单击 General,将 Measurement 改为 Wavelength Scan。

（2）测量最大激发波长

单击 Instrument,将 Scan Mode 改为 Excitation（激发）并且发射波长为 533 nm,激发波长定为 200 nm 到 500 nm ——将某一浓度的荧光素钠标液置于试样池中——单击确定得激发光谱,点击 Report 读出最大激发波长。

（3）测量最大发射波长

单击 Instrument,将 Scan Mode 改为 Emission（发射）——设置激发波长 328 nm,发射波长为 350 到 600 nm ——将某一浓度的荧光素钠标液置于试样池中——单击确定得发射光谱,点击 Report 读出最大发射波长。

3. 测量荧光强度

将其余标准溶液和样品依次倒入比色皿中,约 2/3 液面,重复上述操作,分别得到它们的荧光光谱确定后各组平行测三次标准系列溶液的荧光强度,记录数据取平均值。

【实验数据记录及处理】

将实验数据和计算结果填入实验表19,用标准系列溶液的荧光强度绘制标准工作曲线,计算未知样品浓度,进而计算出荧光素钠的含量。

实验表19 荧光强度

样品编号	样品浓度($\mu g/mL$)	荧光强度(I_F)			
		第一次	第二次	第三次	平均值
1					
2					
3					
4					
5					
6	未知浓度样品				

请注意所有数据的有效数字。

【注意事项】

1.注意开关机的顺序。

2.扫描速度、狭缝的设置一般不宜选在高档。

3.关机后必须半小时(等氙灯温度降下)方可重新开机。

【思考题】

1.试解释荧光分光光度法较紫外可见吸收光度法灵敏度高的原因。

2.荧光分析仪器为什么要采用垂直测量的方式?

【相关知识链接】

荧光素钠分子式为:$C_{20}H_{10}Na_2O_5$,分子结构如图,橙红色粉末,无气味,有吸湿性;易溶于水,溶液呈黄红色,并带极强的黄绿色荧光,酸化后消失,中和或碱化后又出现,微溶于乙醇。荧光测试采用激发波长(E_x)为 328 nm;发射波长(E_m)为 533 nm。

▶ ▶ ▶ 实验十一 荧光分光光度法测定荧光素钠的含量

荧光素钠常用作化学分析的指示剂、生物染色剂和化妆品着色剂。在医学上,荧光素钠是眼科诊断用药。它是一种荧光染料,对正常角膜等上皮不能染色,但是对损伤的角膜上皮可能染成绿色,从而可显示出角膜损伤、溃疡等病变。主要用于诊断眼角膜损伤、溃疡和异物,眼底及虹膜血管造影和循环时间的测定,也可用于术中显示胆囊和胆管以及结核性脑膜炎的辅助诊断。

荧光素钠也可作为示踪剂,应用于海水、自来水、地下水与地热水等水文地质学中,也可用来研究铀矿地浸溶液的流速。可以采用分光光度法来测定钻井液中的示踪剂荧光素钠,其方法检出限为 $0.005\ mg \cdot L^{-1}$。在农业上,利用荧元素钠代替农药进行喷施实验,并通过荧光分析来测定荧光物质在靶标上的沉积分布,是一种经济、有效的方法。

实验十二 $K_2Cr_2O_7$ 电位滴定法测亚铁含量

【实验目的】

1. 学会用 $K_2Cr_2O_7$ 电位滴定法测亚铁的原理及技术。
2. 进一步熟练掌握酸度计的使用。
3. 掌握二阶微商法计算滴定终点的方法。

【主要仪器和试剂】

仪器:酸度计、电磁搅拌器、饱和甘汞电极、铂电极、250 mL 烧杯、移液管、酸式滴定管、玻璃棒。

试剂: $K_2Cr_2O_7$ 标准溶液;硫酸亚铁铵待测溶液; H_2SO_4—H_3PO_4 混酸(150 mL 浓 H_2SO_4 加入 700 mL 水中并充分搅拌,冷却后再加 150 mL H_3PO_4,混匀即可)。

【实验原理】

用 $K_2Cr_2O_7$ 溶液滴定 Fe^{2+} 的反应为:

$$Cr_2O_7^{2-} + 6Fe^{2+} + 14H^+ = 2Cr^{3+} + 6Fe^{3+} + 7H_2O$$

用铂电极作指示电极,饱和甘汞电极作参比电极组成原电池。在滴定过程中,由于滴定剂($Cr_2O_7^{2-}$)的加入,待测离子氧化态(Fe^{3+})和还原态(Fe^{2+})的活度(或浓度)比值发生变化,铂电极的电位亦发生变化,在等量点附近产生电位突跃。在 E——V 曲线中,曲线上的拐点对应的体积即为滴定终点时所耗标准滴定溶液的体积;在 $\Delta E/\Delta V$——V 曲线中,曲线上的极值点对应着 E——V 曲线中的拐点,即该点对应的体积即为滴定终点时所耗标准滴定溶液的体积;在 $\Delta E^2/\Delta V^2$——V 曲线中,曲线的最高点与最低点的连线与横坐标的交点对应着 E——V 曲线中的拐点,即该点对应的体积即为滴定终点时所耗标准滴定溶液的体积。

【实验步骤】

1. 待测液的准备

准确移取 15.00 mL 硫酸亚铁铵待测溶液于 100 mL 烧杯中,加入 H_2SO_4—H_3PO_4 混酸 15 mL,并用去离子水稀释至 100 mL。

2. 预滴定

用预处理的铂电极与饱和甘汞电极及待测液构成电池,同时打开搅拌开关,以酸度计测定其电动势并记录。预滴定一次,确定大致的终点体积。

3. 正式滴定

另取同样两份试样,进行正式滴定。向酸式滴定管加入 $K_2Cr_2O_7$ 标准溶液并调零,向烧杯中滴加 $K_2Cr_2O_7$ 标准溶液测定其对应电动势并记录,再加 $K_2Cr_2O_7$ 标准溶液,测定对应电动势并记录。如此连续操作,当电动势变化较大时,改为每加 0.1 mL $K_2Cr_2O_7$ 标准溶液记录一次电位值。分别绘制 E——V 曲线、$\Delta E/\Delta V$——V 曲线、$\Delta E_2/\Delta V_2$——V 曲线确定滴定终点。

【实验数据记录及处理】

实验表 20　电位变化值

实验编号 1					实验编号 2				
V(mL)	电位 E (mV)	ΔE	$\Delta E/\Delta V$	$\Delta E^2/\Delta V^2$	V(mL)	电位 E (mV)	ΔE	$\Delta E/\Delta V$	$\Delta^2 E/\Delta V^2$

实验表 21　终点确定

实验编号		E——V 曲线	$\Delta E/\Delta V$——V 曲线	$\Delta^2 E/\Delta V^2$——V 曲线
1	终点体积 V_1(mL)			
	Fe^{2+} 浓度 c_1(mol/L)			
	Fe^{2+} 含量 ρ_1(g/L)			
2	终点体积 V_2(mL)			
	Fe^{2+} 浓度 c_2(mol/L)			
	Fe^{2+} 含量 ρ_2(g/L)			

续表

实验编号		E——V 曲线	$\Delta E/\Delta V$——V 曲线	$\Delta^2 E/\Delta V^2$——V 曲线
平均值	终点体积 V_{av}(mL)			
	Fe^{2+} 浓度 c_{av}(mol/L)			
	Fe^{2+} 含量 ρ_{av}(g/L)			

请注意所有数据的有效数字。

【注意事项】

注意观察电位突跃在电位突跃前后 1 mL,每加入 0.1 mL 标准溶液记录一次电位值。

【思考题】

1. 为什么氧化还原滴定可以用铂电极作为指示电极?

2. 从 E——V 曲线上确定的计量点位置,是否位于突跃的中点? 为什么?

【相关知识链接】

铁(Ferrum)是一种金属元素,原子序数为26,铁单质化学式:Fe,英文名:iron。平均相对原子质量为55.84。基态原子电子排布式为:$1s^2\ 2s^2\ 2p^6\ 3s^2\ 3p^6\ 3d^6 4s^2$。纯铁是带有银白色金属光泽的金属晶体,通常情况下呈灰色到灰黑高纯铁丝色无定形细粒或粉末。有良好的延展性、导电、导热性能。有很强的铁磁性,属于磁性材料。密度: 7.874 g/cm³,比热容:460 J/(kg·℃)。声音在铁中的传播速率:5120 m/s。纯铁质地软,不过如果是铁与其他金属的合金或者是掺有杂质的铁,通常情况下熔点降低,硬度增大。晶体结构:面心立方和体心立方。熔点 1538 ℃、沸点 2750 ℃,能溶于强酸和中强酸,不溶于水。铁有 0 价、+2 价、+3 价、+4 价、+5 价和 +6 价,其中 +2 价和 +3 价较常见。

铁在生活中分布较广,占地壳含量的4.75%,仅次于氧、硅、铝,位居地壳含量第四。纯铁是柔韧而延展性较好的银白色金属,用于制发电机和电动机的铁芯,铁及其化合物还用于制磁铁、药物、墨水、颜料、磨料等,是工业上所说的"黑色金属"之一(另外两种是铬和锰,其实纯净的生铁是银白色的,铁元素被称之为"黑色金属"是因为铁表面常常覆盖着一层主要成分为黑色四氧化三铁的保护膜)。另外人体中也含有铁元素,+2 价的亚铁离子是血红蛋白的重要组成成分,用于氧气的运输。

亚铁含量的测定还包括其他多种方法,如利用分光光度法测定含钒钛炉渣中氧化亚铁含量;利用重铬酸钾滴定法测定铁矿石中亚铁含量;以微波消解样品,利用火焰原子吸收法测定二维亚铁颗粒中铁含量。本实验采用(或使用)电位滴定法,是利用精密设备确定终点,代替人眼判断颜色变化,使试验更便捷、更准确。

实验十三　氟离子选择性电极测试自来水中氟含量

【实验目的】

1. 了解氟离子选择性电极的基本性能及其使用方法。
2. 掌握用氟离子选择性电极测定氟离子浓度的原理和方法。

【主要仪器和试剂】

仪器:PHS－3 型精密数字式 pH 计、电磁搅拌器、氟离子选择性电极、饱和甘汞电极、容量瓶(50 mL、1000 mL)、移液管、1000 mL 烧杯。

试剂:NaF(分析纯)、NaCl(分析纯)、二水柠檬酸钠(分析纯)、盐酸、NaOH(分析纯)、冰乙酸(分析纯)、乙酸钠(分析纯)。

【实验原理】

饮用水中氟含量的高低,对人的健康有一定的影响。氟含量太低,易得牙龋病,过高则会发生氟中毒,适宜含量为 0.5~1.0 mg/L。

目前测定氟的方法有比色法和直接电位法。比色法测量范围较宽,但干扰因素多,并且要对样品进行预处理;直接电位法,用离子选择点击进行测量,其测量范围虽不及前者宽,但已能满足环境检测的要求,而且操作简单,干扰因素少,一般不必对样品进行预处理。因此,电位法逐渐取代比色法成为测量氟离子含量的常规方法。

电位分析法是通过测定在零电流条件下的电极电位和浓度间的关系进行分析测定的一种电化学分析方法。它包括直接电位法和电位滴定法。电位分析法一般使用一支指示电极和一支参比电极。其中,指示电极的电极电位与待测离子的活度(或浓度)符合能特斯方程:

$$\varphi = \varphi^{0} + \frac{RT}{nF}\log\frac{\alpha_{0}}{\alpha_{R}} \tag{25}$$

离子选择性电极是一类利用膜电位测定溶液中离子的活度或浓度的电化学传感器,当它和含待测离子的溶液接触时,在它的敏感膜和溶液的相界面上产生与该离子活度直接有关的膜电位。当敏感膜两边分别与两个不同浓度或不同组成的电解质相接触时,膜两边交换、扩散离子数目不同,形成了双电层结构,在膜的两边形成两个相界电位,产生电位差,即形成膜电位。

氟离子选择性电极(简称氟电极)以 LaF_3 单晶片为敏感膜,对溶液中的氟离子具有良好的选择性。氟电极、饱和甘汞电极(SCE)和待测试液组成的原电池也可表示为:

$$Ag \mid AgCl,NaCl,NaF \mid LaF_3 膜 \mid F^- 试液 \mid KCl(饱和),Hg_2Cl_2 \mid Hg$$

一般 pH 计上氟电极接(−),饱和甘汞电极接(+),测得原电池的电动势为:

$$E = \varphi_{SCE} - \varphi_{F^-} \qquad (26)$$

φ_{SCE} 和 φ_{F^-} 分别为饱和甘汞电极和氟电极的电位。当其他条件一定时:

$$E = K - 0.0592 \lg \alpha_{F^-} \qquad (27)$$

其中,K 为常数,0.059 为 25℃是电极的理论相应斜率;α_{F^-} 为待测溶液中 F^- 活度。

用离子选择性电极测量的是离子活度,而通常定量分析需要的是离子浓度。若加入适量惰性电解质作为总离子强度调节缓冲剂(TISAB),使离子强度保持不变,则(27)可表示为:

$$\begin{aligned} E &= K + 0.059 \times \lg c_{F^-} \\ &= K - 0.059 \times (-\lg c_{F^-}) \qquad (28) \\ &= K - 0.059 \times pF \end{aligned}$$

其中,c_{F^-} 为待测溶液中 F^- 浓度,$pF = -\lg c_{F^-}$。

E 与 pF 呈线性关系,因此只要作出 E—pF 的标准曲线,并测定水样的 Ex 值,由标准曲线上即可求得水中氟的含量。

用氟电极测量 F^- 时,最适宜 pH 范围为 5.0 ~ 5.5。pH 值过低,易行成 HF、HF_2^- 等,降低了 α_{F^-};pH 值过高,OH^- 浓度增大,OH^- 在氟电极上与 F^- 产生竞争响应,也由于 OH^- 能与单晶膜中 LaF_3 产生如下反应:

$$LaF_3 + 3OH^- \rightleftharpoons La(OH)_3 + 3F^-$$

所释放出来的 F^- 对测试产生影响。故通常用柠檬酸盐缓冲溶液来控制溶液的 pH 值。氟电极只对游离氟离子有相应,而 F^- 非常容易与 Al^{3+}、Fe^{3+} 等离子配位。因此,在测定时必须加入配合能力较强的配位体,如柠檬酸盐是较强的配位剂,还可以消除 Al^{3+}、Fe^{3+} 等离子的干扰,才能测得可靠准确的结果。

总离子强度调节剂:由于离子选择性电极响应的是离子活度,但离子活度只在较稀释的溶液内和离子浓度相等。离子的活度取决于由离子内容决定的样品溶液中的离子强度。为确保标准液和样品液离子强度相等,需要向溶液中加入离子强度调节剂。另外,有些离子选择性电极只能用于一定范围 pH 值溶液内。在离子强度调节剂内加缓冲液可以将标准液和样品液调节至要求的 pH 值。

(1)NaCl 等:高浓度电解质用于维持溶液具有相同的活度系数,消除溶液间离子强度差异对电位的影响。

(2)柠檬酸盐:比 F^- 更强的络合剂,优先与干扰离子相结合,从而使氟离子从络合物中游离出来。

（3）醋酸、盐酸、氢氧化钠等：形成柠檬酸盐、醋酸盐的 pH 缓冲体系。pH 值过低，H^+与 F^-反应生成 HF，从而降低溶液中 F^-含量，检测结果偏低。pH 值过高，OH^-与氟电极的敏感膜上 La 反应生成 $La(OH)_3$，影响氟电极响应特性。

【实验步骤】

1. 氟离子选择电极的准备

将氟电极在去离子水中浸泡 8 h 或过夜；或在 mol/L NaF 溶液中浸泡 1~2 h，然后用蒸馏水清洗数次直至测得的电位值约为 –300mV（此值各支电极不同）。若氟离子选择电极暂不使用，宜于干放。

2. 缓冲溶液（TISAB）（即总离子强度缓冲溶液）的配置

1000 mL 烧杯中，加二次蒸馏水 500 mL 左右，称取 58g NaCl 及 12 g 柠檬酸钠溶于二次蒸馏水中，加冰醋酸 60 mL，用 50% 氢氧化钠（6 mol/L）调节 pH 值为 5.0~5.5，冷却至室温，转入 1L 容量瓶中，用水稀释至刻度，摇匀，转入洗净、干燥的试剂瓶中。

3. 氟离子标准储备液（1 mg/mL）的配置

将分析纯 NaF 在 120℃烘干，准确称取 2.2105 g 溶于二次蒸馏水中，移入 1L 容量瓶中，稀释至刻度，即得到 1 mg/mL 的氟离子标准溶液，然后储存在聚乙烯瓶中备用。

4. 氟离子标准稀释液（0.01 mg/mL）的配置

吸取 1.0 mL 的 1 mg/mL NaF 标准储备液，置于 100 mL 容量瓶中，用缓冲溶液（TISAB）稀释至刻度。

5. 氟离子标准系列溶液的配置

分别取 0.00 mL、1.00 mL、5.00 mL、10.00 mL、15.00 mL、20.00 mL 的氟标准稀释溶液置于 500 mL 聚四氟乙烯容量瓶中，加入缓冲溶液（TISAB）15.00 mL，用水稀释至刻度，摇匀备用。

6. 标准系列溶液的测定

将上述标准溶液依次倒入小烧杯中（浸没电极即可），插入氟离子选择电极和饱和甘汞电极，连接线路，放入搅拌子，开动搅拌器，由稀至浓分别测量标准溶液的电位值，待电位值（或 pF 值）稳定后读取数据。每次测定前用被测试液清洗电极、烧杯以及搅拌子。

标准溶液测量完毕后将电极用蒸馏水清洗直至测得电位值 –300mV 左右待用。

7. 水样中氟的测定

测定未知水样中 F^-的含量。（如果高于标准工作曲线线性范围则稀释未知样，如果低于标准工作曲线线性范围则稀释标样，重做标准工作曲线）。

【实验数据记录及处理】

1. 记录 F^- 标准溶液的浓度及对应的 E 值,作 E—pF 工作曲线。
2. 位置样品测得 E 值后,带入工作曲线计算对应的 pF。

【注意事项】

1. 氟电极浸入待测溶液中,应使单晶膜外不要附着水泡,以免干扰读数。
2. 测定时搅拌速度应缓慢而稳定。
3. 实验过程中,必须确保标准溶液测定顺序由低到高依次进行,若测定未知浓度样品时,需要用蒸馏水清洗氟电极后再测定,避免产生较大误差。同时,应注意用蒸馏水冲洗过后,需要用滤纸吸去单晶膜上的水珠,而不能直接用手接触膜片。

【思考题】

1. 为什么要加入总离子强度调节缓冲剂?
2. 氟电极在使用过程中应注意哪些问题?

【相关知识链接】

氟是一种化学元素,符号为 F,其原子序数为 9,是最轻的卤素。其单质在标准状况下为浅黄色的双原子气体,有剧毒。作为电负性最强的元素,氟极度活泼,几乎与所有其他元素,包括某些惰性气体元素,都可以形成化合物。在所有元素中,氟在宇宙中的丰度排名为 24,在地壳中丰度排名 13。萤石是氟的主要矿物来源。

氟元素在正常成年人体中约含 2~3 g,人体含氟约 2.6 g,主要分布在骨骼、牙齿中,在这两者中积存了约 90% 的氟,血液中每毫升含有 0.04~0.4 μg。人体所需的氟主要来自饮用水。人体每日摄入量 4 mg 以上会造成中毒,损害健康。少量的氟(150 mg 以内)就能引发一系列的病痛,大量氟化物进入体内会引起急性中毒。因吸入量不同,可以产生各种病症,例如厌食、恶心、腹痛、胃溃疡、抽筋出血甚至死亡。若中毒量不足致死,人体可以迅速从氟中毒中恢复,尤其在使用静脉注射或是肌肉注射葡萄糖酸钙治疗时,约有 90% 的氟可被迅速消除,剩余的氟则需要时间除去。经常接触氟化物,容易导致骨骼变硬、脆化,牙齿脆裂断落等症状,部分地区饮水中含氟量过大也容易导致氟中毒。

实验十四　循环伏安法测定亚铁氰化钾的电极反应过程

【实验目的】

1. 学习固体电极表面的处理方法。
2. 掌握循环伏安仪的使用技术。
3. 了解扫描速率和浓度对循环伏安图的影响。

【主要仪器和试剂】

仪器:电化学工作站、铂盘电极、玻碳圆盘电极(表面 0.025 cm^2)或铂盘电极、饱和甘汞电极、超声波清洗仪、电解池、氮气钢瓶、容量瓶(250 mL、100 mL、25 mL)、移液管、玻璃棒、烧杯。

试剂:$K_4[Fe(CN)_6]$、NaCl、Al_2O_3 抛光粉。

【实验原理】

循环伏安法(Cyclic Voltammetry)是一种常用的电化学研究方法。该法控制电极电势以不同的速率,随时间以三角波形一次或多次反复扫描(如实验图6),使电活性物质在电极上能交替发生不同的还原和氧化反应,记录电流——电势曲线。根据曲线形状可以判断电极反应的可逆程度,中间体、相界吸附或新相形成的可能性,以及偶联化学反应的性质等。对于一个新的电化学体系,首选的研究方法往往就是循环伏安法,可称之为"电化学的谱图"。循环伏安法使用小面积工作电极是静止的固体电极,如铂电极、石墨电极、玻碳电极、悬汞电极等。

当溶液中存在氧化态物质 O 时,从起始电压 E_i 沿某一方向扫描到终止电压 E_s,它在电极上还原成还原态物质 R,$O + ne^- \longrightarrow R$;电位方向逆转时,电极上生成的 R 被氧化为 O,$R \longrightarrow O + ne^-$,所得极化曲线如实验图7。

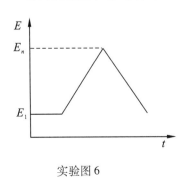

实验图6

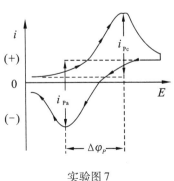

实验图7

上半波是还原波(阴极支),下半波是氧化波(阳极支)。如果物质的电极过程是可逆过程,阳极峰电流 i_{pa} 与阴极峰电流 i_{pc} 相等,而且与扫描速度的平方根成正比;可逆电流峰的峰电位与电压扫描速度无关;阴极峰电位 φ_{pc} 与阳极峰电位 φ_{pa} 差 $\Delta\varphi_p = 56.5$ mV/n(mV 25°),通常 $\Delta\varphi_p$ 与实验条件有关,其值在 55 mV/n – 65 mV/n 就可以确定为可逆电极过程。

铁氰化钾离子 $[Fe(CN)_6]^{3-}$ 亚铁氰化钾离子 $[Fe(CN)_6]^{4-}$ 氧化还原电对的标准电极电位为:

$$[Fe(CN)_6]^{3-} + e^- = [Fe(CN)_6]^{4-} \qquad \varphi^{\theta} = 0.36 \text{ V}(vs. NHE)$$

电位与电极表面活度的 Nernst 方程式为:

$$\varphi = \varphi^{\theta} + RT/Fln(C_{OX}/C_{Red}) \tag{29}$$

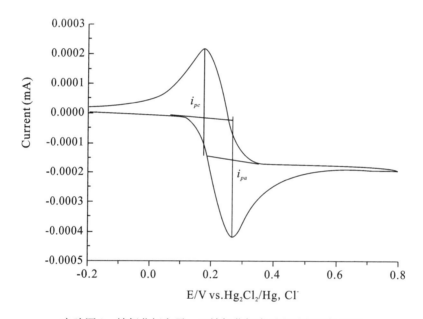

实验图8　铁氰化钾离子–亚铁氰化钾离子电对循环伏安图

如实验图 8 所示,在一定扫描速率下,从起始电位(−0.20V)正向扫描到转折电位(0.80V)期间,溶液中 $[Fe(CN)_6]^{4-}$ 被氧化成 $[Fe(CN)_6]^{3-}$,产生氧化电流;当负向扫描从转折电位(0.80V)变到原起始电位(−0.20V)期间,在指示电极表面生成的 $[Fe(CN)_6]^{3-}$ 被还原生成 $[Fe(CN)_6]^{4-}$,产生还原电流。为了使液相传质过程只受扩散控制,应在加入电解质和溶液处于静止下进行电解。在 0.1 M NaCl 溶液中 $[Fe(CN)_6]^{4-}$ 的扩散系数为 0.63×10^{-5} cm·s^{-1};电子转移速率大,为可逆体系(1 M NaCl 溶液中,25 ℃时,标准反应速率常数为 5.2×10^{-2} cm·s^{-1})。溶液中的溶解氧具有电活性,应通入惰性气体除去。

【实验步骤】

1. 指示电极的预处理

玻碳圆盘或铂盘电极:用 Al_2O_3 抛光粉和抛光绒布将或牙膏将电极表面抛光,然后在蒸馏水中超声波清洗,再用蒸馏水清洗,待用。

2. 溶液的配置

配置 1.0 moL/L NaCl 溶液,再用此作溶剂配置 0.50 moL/L 的 $K_4[Fe(CN)_6]$ 溶液 100 mL 备用。

3. 支持电解质的循环伏安图

在电解池中,放入 30 mL 0.1 mol/L NaCl 溶液,插入电极,以新处理的玻碳圆盘或铂盘电极为工作电极,铂丝电极为负责辅助电极,饱和甘汞电极为参比电极,进行循环伏安仪设定,扫描速率为 100 mV/s;起始电位为 -0.20 V,终止电位为 0.80 V。开始循环伏安扫描,记录循环伏安图。

4. $K_4[Fe(CN)_6]$ 溶液的循环伏安图

在 -0.20~0.80 V 电位范围内,以 60 mV/s 的扫描速度分别作 0.01 mol/L、0.02 mol/L、0.04 mol/L、0.06 mol/L、0.08 mol/L 的 $K_4[Fe(CN)_6]$ 溶液(均含支持电解质 NaCl 浓度为 0.10 mol/L)循环伏安图。

5. 不同扫描速率 $K_4[Fe(CN)_6]$ 溶液的循环伏安图

在 0.04 mol/L $K_4[Fe(CN)_6]$ 溶液中,以 10 mV/s、20 mV/s、60 mV/s、100 mV/s、150 mV/s、200 mV/s,在 -0.20~0.80 V 电位范围内扫描,分别记录循环伏安图。

【实验数据记录及处理】

1. 从 $K_4[Fe(CN)_6]$ 溶液的循环伏安图,测量 i_{pa}、i_{pc}、φ_{pa} 和 φ_{pc} 值。

实验表 22　不同浓度的 $K_4[Fe(CN)_6]$ 溶液循环伏安图(0.060 V/s)

测量参数	c(mol/L)				
	0.01	0.02	0.04	0.06	0.08
φ_{pa}(V)					
φ_{pc}(V)					
φ_p(V)					
i_{pa}(A)					
i_{pc}(A)					
i_{pa}/i_{pc}					

实验表23　不同速率扫描 $K_4[Fe(CN)_6]$ 溶液循环伏安图（0.04 mol/L）

测量参数	速率(V/s)					
	0.010	0.020	0.040	0.100	0.150	0.200
$\varphi_{pa}(A)$						
$\varphi_{pc}(A)$						
$\varphi_p(A)$						
$i_{pa}(A)$						
$i_{pc}(A)$						
i_{pa}/i_{pc}						
$v^{1/2}$						

2. 分别以 i_{pa} 和 i_{pc} 对 $K_4[Fe(CN)_6]$ 溶液浓度 c 作图，说明峰电流与浓度的关系。

3. 分别以 i_{pa} 和 i_{pc} 对 $v^{1/2}$ 作图，说明峰电流与扫描速率间的关系；计算玻碳圆盘电极或铂柱电极的表面积。

4. 计算 i_{pa}/i_{pc} 值，说明 $K_4[Fe(CN)_6]$ 在溶液中的电极过程的可逆性。

【注意事项】

1. 实验前电极表面要处理干净。
2. 扫描过程中保持溶液静止。

【思考题】

1. $K_3[Fe(CN)_6]$ 与 $K_4[Fe(CN)_6]$ 溶液的循环伏安图是否相同？为什么？
2. 如何说明 $K_4[Fe(CN)_6]$ 在溶液中的电极过程的可逆性？
3. 本实验说明峰电位、峰电流与扫描速度有何关系？

【相关知识链接】

亚铁氰化钾，又称六氰络铁，或者六氰合铁(Ⅱ)酸钾，分子式 $K_4[Fe(CN)_6]$，呈黄色结晶粉末，分子质量368.3。与稀硫酸加热放出氢氰酸、硫酸亚铁和硫酸钾，常温下稳定，高温下发生分解，放出氮气，生成氰化钾和碳化铁。溶于水，不溶于乙醇、乙醚、乙酸甲酯和液氨。

亚铁氰化钾是制备氰化钾、铁氰化钾的原料；又可作为颜料，用于纤维染色；作为一种抗结剂，添加到食盐中，可以防止食盐因水分含量高而结块，是我国 GB2760—2014 规定允许使用的食品用抗结剂。

由于分子中氰离子与铁结合牢固，因此亚铁氰化钾毒性极低。大鼠经口 LD_{50} 为1.6～3.2 g/kg。FAO/WHO(1974)规定，每日允许摄入量（ADI）为 0～0.25 mg/(kg·d)。

实验十五　气相色谱法分离苯、甲苯、乙苯混合物和定量分析

【实验目的】

1. 掌握气相色谱仪的基本结构及操作步骤。
2. 掌握利用归一化法分析混合物中各组分含量的方法。
3. 掌握用气相色谱法分离多组分混合物的方法。

【主要仪器和试剂】

仪器:气相色谱仪(Agilent,7820 A)、色谱柱、微量注射器(10 μL)。

试剂:载气:氮气;燃 气:氢气;助燃气:空气、三组分混合标准溶液(苯、甲苯、乙苯),分析纯丙酮、苯、甲苯、乙苯。

【实验原理】

气相色谱法(gas chromatography,简称GC)是色谱法的一种。色谱法是一种分离技术。试样混合物的分离过程即试样中各组分在色谱分离柱中的不同相间的不断进行着的分配过程。其中的一相固定不动,称为固定相;另一相是携带试样混合物流过固定相的流体(气体或液体),称为流动相。

气相色谱法是利用试样中各组分在气相和固定相间的分配系数不同将混合物分离、测定的仪器分析方法,特别适用于分析含量少的气体和易挥发的液体。当汽化后的试样被载气带入色谱柱中运行时,组分就在两相间进行反复多次分配,由于固定相对各组分的吸附或溶解能力不同,因此各组分在色谱柱中的运行速度就不同,经过一定的柱长后,便彼此分离,按流出顺序离开色谱柱进入检测器。记录器绘制出各组分流出色谱柱的时间和色谱峰——流出曲线。在色谱条件一定时,任何一种物质都有确定的保留参数,如保留时间、保留体积及相对保留值等。因此,在相同的色谱操作条件下,通过比较已知纯样和未知物的保留参数,即可确定未知物为何物质,这属于色谱定性分析。测量峰高或峰面积,采用外标法、内标法或归一化法,可确定待测组分的质量分数此为定量分析。

本实验采用归一化法。即若试样中含有 n 个组分,且各组分均能洗出色谱峰,则其中某个组分的含量可按下式计算:

$$w_i\% = \frac{m_i}{m_1 + m_2 + \cdots + m_n} \times 100 = \frac{f_i \cdot A_i}{\sum_{i=1}^{n}(f_i \cdot A_i)} \times 100 \tag{30}$$

其中，A_i 为峰面积，f_i 为相对校正因子。

相对校正因子由式(30)求得：

$$f_i = \frac{m_i/A_i}{m_s/A_s} = \frac{m_i \cdot As}{m_s \cdot Ai} \tag{31}$$

实际上都采用相对校正因此 f_i，可以直接测量，亦可从手册中查得(苯:0.780;甲苯:0.794;乙苯0.818)。

归一化法简便、准确;进样量的准确性和操作条件的变动对测量结果影响不大;仅适用于试样中所有组分全出峰的情况。

气相色谱流程(实验图9):

(1)载气系统:包括气源、净化干燥管和载气流速控制。

(2)进样系统:进样器及气化室。

(3)色谱柱:填充柱(填充固定相)或毛细管柱(内壁涂有固定液)。

(4)检测器:可连接各种检测器,以热导检测器或氢火焰检测器最为常见。

(5)记录系统:放大器、记录仪或数据处理仪。

(6)温度控制系统:用来设定、控制、测量色谱柱炉、气化室、检测室三处的温度。

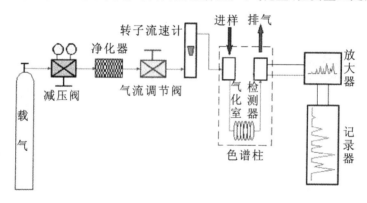

实验图9　气相色谱仪流程示意图

【实验步骤】

1. 基本操作

(1)打开电源,启动计算机。打开氮气和氢气总阀,调减压阀门压力为 0.5 ~ 0.6 Mpa。再打开气相色谱的模板,启动工作站并初始化仪器。

(2)选择进样口,检测器和色谱柱并设定相应参数(气化室温度:150 ℃ ~ 200 ℃,柱温:80 ℃ ~ 100 ℃,检测器温度:100 ℃ ~ 250 ℃,载气:氮气,流速:15 ~ 40 mL/min)。

(3)运行程序,用丙酮清洗色谱柱,等待仪器 Ready 灯变绿,直至基线平稳,然后用丙酮清洗注射器数次准备进样进行测定。

(4)测试结束后,依次用纯水、100% 甲醇洗涤色谱柱 20 min,退出主程序,关闭计算机。

2. 混合物定性分析

仪器稳定后,在完全相同的条件下,分别进苯、甲苯、乙苯纯试剂各 0.2 μL,进样同时按下主机上的 Start 键开始分析。分别得到三种样品的色谱图,记录图谱得到三个样品保留时间,进行定性分析。

3. 混合物定量分析

同样先用丙酮清洗注射器,进 0.2 μL 三组分混合标准试剂,得色谱图,处理数据打印结果。

4. 结束测试

将进样口、监测器和柱温箱温度设置到室温,进样口温度低于 100 ℃ 时方可关机。退出工作站,关闭计算机,关闭色谱仪电源,关闭氮气和氢气阀门,结束实验。

【实验数据记录及处理】

1. 各物质的调整保留时间 t_R。

2. 记录各组分色谱峰面积,由归一化法公式计算混合液中各组分的含量。

【注意事项】

1. 每次进样时注射器都要充分洗涤。

2. 每次所取试样不能有气泡。

3. 进样时,按 start 键的同时用注射器将样品快速注入色谱柱,注射完立即抽出针管。

【思考题】

1. 进样量准确与是否会影响归一化法的分析结果?

2. 能否从理论上解释本实验各组分的出峰顺序?

3. 气相色谱法有哪几种定量分析方法?

【相关知识链接】

苯(Benzene,C_6H_6)是一种有机化合物,是最简单的芳烃,在常温下是甜味、可燃、有致癌毒性的无色透明液体,并带有强烈的芳香气味。它难溶于水,易溶于有机溶剂,本身也可作为有机溶剂。苯具有的环系叫苯环,苯环去掉一个氢原子以后的结构叫苯基,用 Ph 表示,因此苯的化学式也可写作 PhH。苯是一种石油化工基本原料,其产量和生产的技术水平是一个国家石油化工发展水平的标志之一。

甲苯(Toluene,GH_8),无色澄清液体,有芳香气味,有强折光性,能与乙醇、乙醚、丙酮、氯仿、二硫化碳和冰乙酸混溶,极微溶于水。甲苯大量用作溶剂和高辛烷值汽油添加剂,也是有机化工的重要原料。甲苯衍生的一系列中间体,广泛用于染料、医药、农药、火炸药、助剂、香料等精细化学品的生产,也用于合成材料工业。甲苯进行侧链氯化得到的一氯苄、二氯苄和三氯苄,包括它们的衍生物苯甲醇、苯甲醛和苯甲酰氯,在医药、农药、染料,特别是香料合成中应用广泛。甲苯的环氯化产物是农药、医药、染料的中间体。甲苯氧化得到苯甲酸,是重要的食品防腐剂(主要使用其钠盐),也用作有机合成的中间体。甲苯及苯衍生物经磺化制得的中间体,包括对甲苯磺酸及其钠盐、CLT 酸、甲苯 - 2,4 - 二磺酸、苯甲醛 - 2,4 - 二磺酸、甲苯磺酰氯等,用于洗涤剂添加剂、化肥防结块添加剂、有机颜料、医药、染料的生产。甲苯硝化制得大量的中间体,可衍生得到很多最终产品,其中在聚氨酯制品、染料和有机颜料、橡胶助剂、医药、炸药等方面应用广泛。

乙苯(Ethylbenzene,C_8H_{10})存在于煤焦油和某些柴油中。易燃,其蒸气与空气可形成爆炸性混合物。遇明火、高热或与氧化剂接触,有引起燃烧爆炸的危险。主要用于生产苯乙烯,进而生产苯乙烯均聚物以及以苯乙烯为主要成分的共聚物(ABS,AS 等)。乙苯少量用于有机合成工业,例如生产苯乙酮、乙基蒽醌、对硝基苯乙酮、甲基苯基甲酮等中间体。在医药上用作合霉素和氯霉素的中间体。此外,还可作溶剂使用。

实验十六　反相液相色谱法测尼泊金甲酯的含量

【实验目的】

1. 掌握高效液相色谱仪的基本结构及基本操作。
2. 熟悉反相色谱法的基本原理,掌握反相色谱法分离尼泊金甲酯的方法。
3. 掌握利用外标法进行色谱定量分析的实验方法。

【主要仪器和试剂】

仪器:高效液相色谱仪、色谱柱(Inertsil ODS－SP)、紫外检测器。

试剂:色谱纯甲醇、纯水,0.1 mg/mL 尼泊尔全甲酯标准液(溶剂甲醇)和未知浓度试样。

【实验原理】

1. 高效液相色谱

高效液相色谱是20世纪70年代初发展起来的一种新型分离分析技术。它是在经典液相色谱的基础上,在技术上采用高压输压泵、梯度洗脱技术、新型高效填充剂及各种高灵敏度监测器。高效液相色谱仪主要部件及流程示意图见实验图10。

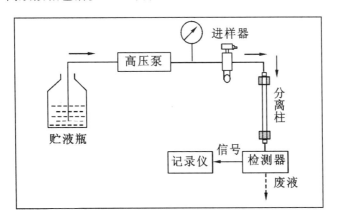

实验图10　高效液相色谱仪流程示意图

高效液相色谱与气相色谱比较,可供选择的流动相种类较多,从有机溶剂到水溶剂,既能用纯溶剂又可用二元或多元混合溶剂,并可任意调配比例,通过改变溶剂极性或强度继而改变色谱柱效能、分离选择性和组分的容量因子,最后实现改善色谱系统分离度的目的。

2. 高效液相色谱法的特点

分析速度快、分离效率高、灵敏度高、易于实现操作自动化。适用于高沸点、热不稳定有机及生化试样的高效分离分析方法。

3. 反相高效液相色谱法

反相液相色谱法(Reversed – phase chromatography,RPC)是由非极性固定相和极性流动相所组成液相色谱体系,典型的固定相是十八烷基键合硅胶,以甲醇或乙腈的水溶液为流动相。在反相色谱法中,极性化合物先被洗脱出来,而非极性化合物,保留时间长,因为它们亲和于反相表面。反相键合相色谱法适用于分离非极性、极性或离子型化合物,其应用范围比正相色谱法更广泛。

本次试验采用外标法定量,首先在一定条件下,测定一系列不同浓度的尼泊金甲酯标品的峰面积,绘出峰面积 A 对浓度的标准曲线,在严格相同的操作条件下,测定试样中待测组分尼泊金甲酯的峰面积,由测得的峰面积在标准曲线上查出被测组分的浓度。

【实验步骤】

1. 实验基本操作

(1)打开电脑主机,再打开高效液相色谱的模块,启动工作站并初始化仪器。

(2)仪器初始化完毕后,在工作界面上选择测量项目,设置适当的仪器参数:流动相组成 = 甲醇:水(70:30),流速为 1.0 mL/min,柱压为 200 kPa。

(3)运行程序,清洗色谱柱,直至基线平稳,然后进样,进行测定。

(4)测定结束后,依次用纯水、100% 甲醇洗涤 20 min,退出主程序,关闭计算机。

2. 实验步骤

(1)标准溶液的配置:用流动相为溶剂,标样储备液为原液配制浓度为 0.02 mg/mL、0.04 mg/mL、0.06 mg/mL、0.08 mg/mL、0.10 mg/mL 一系列标准溶液。

(2)标准曲线制作:待仪器稳定后,依次进样 20 μL 已知溶液,记录色谱图及保留时间 t_R。

(3)样品分析:注入 20 μL 未知液,记录色谱图及各组分保留时间 t_R。

【实验数据记录及处理】

根据实验记录绘制标准曲线,并计算未知样中尼泊金甲酯的浓度。

实验表24　尼泊金甲酯标准样品的保留时间和峰面积

浓度(mg/mL)	保留时间(min)	峰面积(mm²)
0.02		
0.04		
0.06		
0.08		
0.10		

【注意事项】

1.标准曲线的测定过程中,测定溶液的浓度要从小到大变化,这样可以避免大浓度溶液对小浓度溶液的影响,且操作起来较方便。

2.进样的时候,动作应该连续且迅速,否则会变宽,而且不够准确。

【思考题】

1.什么是反相液相色谱? 化合物按极性流出顺序如何?

2.液相色谱操作应注意哪些问题?

【相关知识链接】

1.对羟基苯甲酸甲醋

对羟基苯甲酸甲酯,又叫尼泊金甲酯,白色结晶粉末或无色结晶,易溶于醇,醚和丙酮,极微溶于水,沸点270～280 ℃。主要作用有机合成、食品、化妆品、医药的杀菌防腐剂,也用作于饲料防腐剂。由于它具有酚羟基结构,所以抗细菌性能比苯甲酸、山梨酸都强。其作用机制是:破坏微生物的细胞膜,使细胞内的蛋白质变性,并可抑制微生物细胞的呼吸酶系与电子传递酶系的活性。结构式为:

2.极性溶剂

极性溶剂是指含有羟基或羰基等极性基团的溶剂,即溶剂分子为极性分子的溶剂,由于其分子内正负电荷重心不重合而导致分子产生极性。用于表征分子极性大小的物理量为偶极矩或介电常数,介电常数大表示其极性大。对于 H_2O,虽然与 CO_2 有相同类型的分子式,也同样有极性共价键,但二者分子的极性却不同。CO_2 是空间对称的直线型,所以分子是非极性分子,H_2O 是折线型,不对称,所以是极性分子,作为溶剂称为极性溶剂。

化合物的极性决定于分子中所含的官能团及分子结构。各类化合物的极性按下列次序增加:(R 为烷基基团)

—CH_3,—CH_2—,—CH =,—C≡,—O—R,—S—R,—NO_2,—N(R)$_2$,—OCOR,

—CHO,—COR,—NH_2,—OH,—COOH,—SO_3H

常见极性溶剂有水、乙醇、甘油、丙二醇等。

第三部分 | **拓展实验**

实验十七　二氧化钛的 X 射线粉末衍射分析

【实验目的】

1. 了解 X 射线粉末衍射分析仪的工作原理。
2. 熟悉 X 射线衍射仪的使用方法。
3. 学习利用 X 射线粉末衍射进行物相分析。

【主要仪器和试剂】

仪器:X 射线衍射仪(X - ray Diffraction Analyzer),玛瑙研钵两只,载玻片一块,标准样品框一只。

试剂:经预处理的待测样品二氧化钛粉末。

【实验原理】

X 射线是波长介于紫外线和 γ 射线间的电磁辐射,其波长约为$(20 \sim 0.06) \times 10^{-8}$cm,由德国物理学家 W. K.伦琴于 1895 年发现,故又称伦琴射线,伦琴因此获得 1901 年(首届)诺贝尔物理学奖。X 射线具有很高的穿透能力,能透过许多对可见光不透明的物质,如墨纸、木料等。X 射线在发现不久即被应用于医学检测和矿物勘探领域。由于 X 射线具有较强的穿透能力,对人体有一定伤害,故本实验中通过铅玻璃阻挡仪器发出的 X 射线,减少对人体的危害。

X 射线衍射是一种重要的无损分析方法,分单晶法及多晶法两种,本次实验采用的 X 射线粉末衍射属于多晶法。用于衍射分析的 X 射线波长为 0.5 ~ 2.5 Å。物质结构中,原子和分子的距离正好落在 X 射线的波长范围内,当 X 射线入射到晶体时,基于晶体结构的周期性,晶体中各个电子的散射波可相互叠加,称之为相干散射,这些相干散射波相互叠加就产生了 X 衍射现象。散射波周期一直相互加强的方向称为衍射方向,如实验图 11 所示,衍射方向取决于晶体的周期或晶胞的大小,晶体中各个原子及其位置则决定衍射强度。

由 Bragg 公式:

$$2d \sin\theta = n\lambda \tag{32}$$

可根据对应的衍射角求出相应的晶面间距 d 值,因此 X 射线衍射可对物质进行微观结构分析。

物质的每种晶体结构都有自己独特的 X 射线衍射图,即指纹特征,而且不会因为与其他物质混合而改变。据此,可以通过查询 JCPDS 卡片,通过对比 X 衍射图的峰位、峰形还有强度进行物相分析。

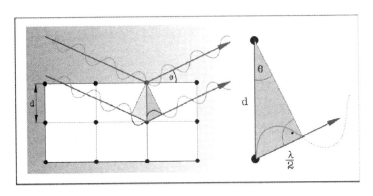

实验图 11 平面点阵的衍射方向

　　X 射线衍射仪的形式多种多样,用途各异,但其基本构成很相似,实验图 12 为德国布鲁克 d8advanceX 射线衍射仪主要部件,实验图 13 为 X 射线衍射仪的基本构造示意图。

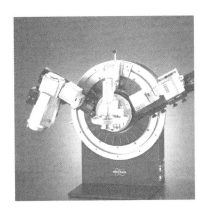

实验图 12 X 射线衍射主要部件

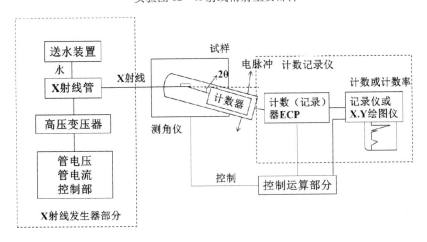

实验图 13 X 射线衍射仪的基本构造示意图

X 射线衍射仪主要组成部分如下：

（1）高稳定度 X 射线源。高压下，高速运动的电子轰击金属靶，提供测量所需的 X 射线，改变 X 射线管阳极靶材质可改变 X 射线的波长（本实验采用 Gu 靶为辐射线源，$\lambda = 1.5406\text{Å}$），调节阳极电压可控制 X 射线源的强度。由于金属靶电子轰击金属靶时放出大量的热，故 X 射线衍射仪必须装备水冷系统。

（2）样品及衍射测角仪。样品须是结晶性固体粉末，比如单晶、粉末、多晶或微晶的固体块。XRD 主要用于对固体粉末进行分析。样品固定在测角仪圆的中心轴上，可连续转动。

（3）X 射线检测器。检测衍射强度并同时检测衍射方向，通过仪器测量记录系统或计算机处理系统可以得到多晶衍射图谱数据。

（4）衍射图的处理分析系统。现代 X 射线衍射仪其运行控制以及衍射数据的采集分析等过程都可通过安装专用衍射图处理分析软件的计算机系统来完成，它们的特点是自动化和智能化。

X 射线粉末衍射仪用途：

（1）判断是何种晶体物质。

（2）判断物质的晶型。

（3）计算物质晶体结构数据。

（4）定量计算混合物质的比例。

（5）计算物质结构的应力。

（6）与其他专业相结合，如通过晶体结构可以判断物质变形，变性，反应程度等

【实验步骤】

1. 开机

严格按照顺序打开电脑，打开水冷系统、总电源、稳压器。待系统启动完毕，开启高压，预热 20 ~ 30 min，启动 XRD 测试软件。设定工作条件 $KV = 10 ~ 60 \text{ kV}$，$MA = 5 ~ 80 \text{ mA}$，以 Cu 靶为辐射线源（$\lambda = 1.5406 \text{ Å}$）。

2. 装样

将适量样品研磨至无颗粒感。取样品均匀地装入标准样品框中，直到样品框装满，用载玻片把粉末压紧，压平，使之尽可能地均匀，在装满的基础上刮去多出来的部分。

3. 测试

打开测试软件，设置参数，在相应栏目中设定步长，扫描时间，扫描范围等参数，将扫描范围设定在 20 ~ 70，角度过小会损坏检测器，过大可能会造成射线源和检测器相撞。启动 X 射线探测器开始自测试。待测试结束后，红色警示灯灭掉，才能开启防护门，放置

样品,锁上门,开始测定。注意,测试前防护门必须关紧,不然点击测试,系统会自动锁死,需三步解锁方能打开。

4. 关机

按照与开机相反的顺序关机,但要等仪器冷却(约 20 min)后再关水冷系统,以免仪器烧坏。

5. 整理工作台,保持干净整洁。

【实验数据记录及处理】

1. 将得到的数据导入 Jade 软件中,得到二氧化钛粉末样品图谱。

实验表 25　二氧化钛粉末 XRD 图谱数据记录

编号	实验衍射数据		
	2θ	θ	$d(Å)$
1			
2			
3			
4			
5			
6			
7			
8			
9			
10			

2. 根据不同晶型 TiO_2 图谱(详见实验表 26、表 27 和表 28)对比判断物质和晶型。

【思考题】

1. 叙述二氧化钛的用途和晶型结构及其参数。

2. 从 X 射线粉末衍射谱图能得到材料的哪些特征?

【相关知识链接】

二氧化钛化学式为 TiO_2,为白色固体或粉末状的两性氧化物,分子量 79.9,具有无毒,不透明性,较佳的白度和光亮度,是性能优良的白色颜料。钛白的黏附力强,不易起化学变化,广泛应用于涂料、塑料、造纸、印刷油墨、化纤、橡胶、化妆品等工业。锐钛矿型 TiO_2,晶型参数见实验表 26。

实验表26 锐钛矿型 TiO_2 晶型参数

编号	卡片			晶面指标		
	2θ	θ	$d(\text{Å})$	h	k	l
1	25.281	12.640	3.520	1	0	1
2	36.946	18.473	2.431	1	0	3
3	37.800	18.900	2.378	0	0	4
4	38.575	19.288	2.332	1	1	2
5	48.049	24.024	1.892	2	0	0
6	53.890	26.945	1.699	1	0	5
7	55.060	27.530	1.666	2	1	1
8	62.119	31.059	1.493	2	1	3
9	62.688	31.344	1.480	2	0	4
10	68.760	34.380	1.364	1	1	6

实验表27 金红石型 TiO_2 晶型参数

编号	卡片			晶面指标		
	2θ	θ	$d(\text{Å})$	h	k	l
1	27.443	13.721	3.247	1	1	0
2	36.090	18.045	2.486	1	0	1
3	39.200	19.600	2.296	2	0	0
4	41.251	20.625	2.186	1	1	1
5	44.054	22.027	2.053	2	1	0
6	54.335	27.168	1.687	2	1	1
7	56.641	28.320	1.623	2	2	0
8	62.778	31.389	1.478	0	0	2
9	64.064	32.032	1.452	3	1	0
10	65.528	32.764	1.423	2	2	1
11	69.023	34.512	1.359	3	0	1
12	69.824	34.912	1.345	1	1	2

实验表 28 板钛矿型 TiO$_2$ 晶型参数

编号	卡片			晶面指标		
	2θ	θ	$d(\text{Å})$	h	k	l
1	25.339	12.670	3.512	1	2	0
2	25.689	12.844	3.465	1	1	1
3	30.807	15.403	2.900	1	2	1
4	32.790	16.395	2.729	2	0	0
5	36.251	18.125	2.476	0	1	2
6	37.296	18.648	2.409	2	0	1
7	37.933	18.966	2.370	1	3	1
8	38.370	19.185	2.344	2	2	0
9	38.575	19.288	2.332	2	1	1
10	39.204	19.602	2.296	0	4	0
11	39.966	19.983	2.254	1	1	2
12	40.151	20.076	2.244	0	2	2
13	42.339	21.169	2.133	2	2	1
14	46.071	23.036	1.968	0	3	2
15	48.011	24.005	1.893	2	3	1
16	49.171	24.586	1.851	1	3	2
17	49.692	24.846	1.833	2	1	2
18	52.011	26.005	1.756	2	4	0
19	54.203	27.102	1.690	3	2	0
20	55.233	27.616	1.661	2	4	1
21	55.710	27.855	1.648	1	5	1
22	57.174	28.587	1.609	1	1	3
23	57.683	28.842	1.596	2	3	2
24	59.990	29.995	1.540	1	2	3
25	62.064	31.032	1.494	0	5	2
26	63.063	31.532	1.472	1	6	0

编号	卡片			晶面指标		
	2θ	θ	$d(\text{Å})$	h	k	l
27	63.414	31.707	1.465	3	1	2
28	63.642	31.821	1.460	2	5	1
29	64.103	32.051	1.451	2	0	3
30	64.601	32.301	1.441	1	3	3
31	65.001	32.500	1.443	2	1	3
32	65.874	32.937	1.416	1	6	1
33	68.766	34.383	1.364	4	0	0

实验十八　紫外可见分光光度计测量 ZnO 的光学禁带宽度

【实验目的】

1. 了解紫外可见分光光度计的结构和测试原理。
2. 理解半导体材料对入射光子的吸收特性。
3. 掌握测量半导体材料的光学禁带宽度的方法。

【主要仪器和试剂】

仪器：紫外—可见分光光度计（PerkinElmer Lambda750）。

试剂：ZnO 薄膜，空白基片。

【实验原理】

1. 紫外可见分光光度计

当物体受到入射光波照射时，光子会和物体发生互相作用。由于组成物体的分子和分子间的结构不同，使入射光一部分被物体吸收，一部分被物体反射，还有一部分穿透物体而继续传播，即透射。

为了表示入射光透过材料的程度，通常用入射光通量与透射光通量之比来表征物体的透光性质，称为光透射率。常用的紫外可见分光光度计能准确测量材料的透射率，测试方法具有简单、操作方便、精度高等突出优点，是研究半导体能带结构及其他性质的最基本、最普遍的光学方法之一。

紫外可见分光光度计分为五大部分：

（1）光源：通常采用钨灯或碘钨灯产生 340～2500 nm 的光，氘灯产生 160～375 nm 的紫外光。

（2）单色器：单色器将光源辐射的复色光分解成用于测试的单色光。通常包括入射狭缝、准光器、色散元件、聚焦元件和出射狭缝等组成。色散元件可以是棱镜，也可以是光栅。光栅具有分辨率高等优点被广泛使用。

（3）吸收池：用于盛放分析试样，有石英、玻璃和塑料等材质。测试材料散射时可以使用积分球附件；测试固体样品的透射率等可以使用固体样品支架附件。

（4）检测器：检测器的功能是检测光信号、并将光信光转变为电信号的器件。常用的硅光电池和光电倍增管等。光电倍增管的灵敏度比一般的硅光电池高约 200 倍。

（5）数据系统：多采用软件对信号放大和采集，并对保存和处理数据等。

紫外可见分光光度计的常见类型，包括单光束分光光度计、双光束分光光度计和双波长分光光度计。

双光束紫外可见分光光度计的光路图如实验图14所示：

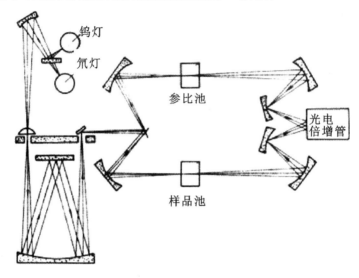

实验图14　双光束紫外可见分光光度计的光路图

2.半导体材料的能带结构和半导体材料禁带宽度测量

（1）半导体材料的能带结构

满带：各个能级都被电子填满的能带。

禁带：两个能带之间的区域，其宽度直接决定导电性，禁带的宽度称为带隙。

价带：由最外层价电子能级分裂后形成的能带（一般被占满）。

空带：所有能级都没有电子填充的能带。

导带：未被电子占满的价带。

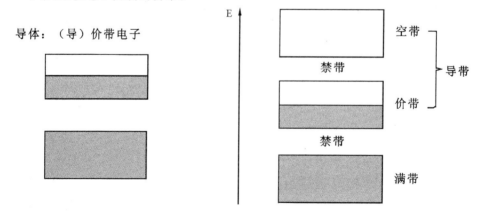

实验图15　导体能带结构示意图

绝缘体:无价带电子,禁带较宽。

半导体:价带充满电子,禁带较窄。

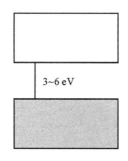

实验图 16　绝缘体能带结构示意图

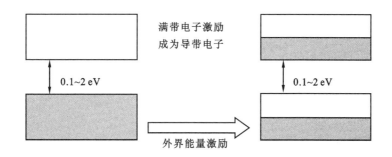

实验图 17　半导体能带结构示意图

(2)半导体材料禁带宽度的测量

对于包括半导体在内的晶体,其中的电子既不同于真空中的自由电子,也不同于孤立原子中的电子。真空中的自由电子具有连续的能量状态,原子中的电子是处于分离的能级状态,而晶体中的电子是处于所谓能带状态。能带是由许多能级组成的,能带与能带之间隔着禁带,电子就分布在能带中的能级上,禁带是不存在公有化运动状态的能量范围。半导体最重要的能带就是价带和导带。导带底与价带顶之间的能量差即称为禁带宽度(或者称为带隙、能隙)。

禁带宽度是半导体的一个重要特征参量,用于表征半导体材料物理特性。其含义有如下四个方面:第一,禁带宽度表示晶体中的公有化电子所不能具有的能量范围。第二,禁带宽度表示价键束缚的强弱。当价带中的电子吸收一定的能量后跃迁到导带,产生出自由电子和空穴,才能够导电。因此,禁带宽度的大小实际上是反映了价带中电子被束缚强弱程度的物理量。价电子由价带跃迁到导带的过程称为本征激发。本征激发根据价电子获取能量的方式可以分为热激发、光学激发和电离激发等。第三,禁带宽度表示电子与空穴的势能差。导带底是导带中电子的最低能量,故可以看作为电子的势能。价带顶是价带中空穴的最低能量,故可以看作为空穴的势能。离开导带底和离开价带顶的能量就分别为电子和空穴的动能。第四,虽然禁带宽度是一个标志导电性能好坏的重要参量,但是也不是绝对的。价电子由价带跃迁到导带的概率是温度的指数函数,所以当温度很高时,即使是禁带宽度很大的绝缘体,也可以发生本征激发。

当一定波长的光照射半导体材料时,电子吸收能量后会从低能级跃迁到能量较高的能级。对于本征吸收,电子吸收足够能量后将从价带直接跃迁入导带。发生本征吸收的条件是:光子的能量必须等于或大于材料的禁带宽度 E_g,即

$$hv \geq hv_0 = E_g \tag{33}$$

而当光子的频率低于 v_0,或波长大于本征吸收的波长时,不可能发生本征吸收,半导体的光吸收系数迅速下降,这在透射光谱上表现为透射率的迅速增大,即透射光谱上出现吸收边。

光波透过厚度为 d 的样品时,吸收系数同透射率的关系如式(34):

$$\alpha d = \ln((1 - R^2)/T) \tag{34}$$

其中,d 为样品厚度,R 是对应波长的反射率,T 是对应波长的透射率。

在实验所选样品为 ZnO 基薄膜材料,入射光垂直照射在样品表面,且样品表面具有纳米级的平整度,在紫外和可见光波段的反射率很小,所以在估算禁带宽度时,忽略反射率的影响,则吸收系数 α 可简单表示为:

$$\alpha d = \ln(1/T) \tag{35}$$

因此,在已知薄膜厚度的情况下,可以通过不同波长的透射率求得样品的吸收系数。半导体的禁带宽度与半导体材料的禁带宽度满足式(36):

$$\alpha hv = A(hv - E_g)^{\frac{m}{2}} \tag{36}$$

式中,α 为吸收系数,hv 是光子能量;Eg 为材料的禁带宽度;A 是材料折射率(n)、折合质量(μ^*)和真空中光速(c)的函数,基本是一常数;m 是常数,对于直接带隙半导体允许的偶极跃迁,$m = 1$;对于直接带隙半导体禁止的偶极跃迁,$m = 3$;对于间接带隙半导体允许的偶极跃迁,$m = 4$;对于间接带隙半导体禁止的偶极跃迁,$m = 6$。

ZnO 薄膜是一种间接带隙半导体,在本征吸收过程中电子发生直接跃迁,因此 $m = 1$,则式(36)可以表示为:

$$(\alpha hv)^2 = A^2(hv - Eg) \tag{37}$$

以 hv 为横坐标,$(\alpha hv)^2$ 为纵坐标,作图。在吸收边处选择线性最好的几点做线形拟合,将线性区外推到横轴上的截距就是禁带宽度 Eg,即纵轴 $(\alpha hv)^2$ 为 0 时的横轴值 hv。

【实验步骤】

1. 打开仪器电源,预热 30 min。

2. 打开软件,点选"连接"按钮,系统将自检。

3. 选择仪器的工作模式为光谱扫描,输入测试波长和狭缝宽度,样品测试选择透射率。

4. 单击"自动清零"。

5. 将清洗干净的空白基片放在参考位,进行基线扫描。

6. 取出样品位的空白基片,放入 ZnO 薄膜样品,单击"开始"按钮,进行扫描。

7. 扫描结束后保存测试样品的透射率数据。

8. 实验测量结束,单击"断开"按钮;关闭软件。

9. 关闭电源开关,取出测量样品,放入干燥剂,盖上防尘布。

10. 整理工作台,保持干净整洁。

【实验数据记录及处理】

根据 ZnO 薄膜的透射谱,结合 Kubelka – Munk 函数计算不同波长对应的吸收系数 α 及光子能量 $h\nu$,$(\alpha h\nu)^2$ 对光子能量 $h\nu$ 作图,然后在吸收边处选择线性最好的几点做线形拟合,将线性区外推到横轴上的截距就是禁带宽度 E_g。

实验表 29　数据记录

波长(λ)/nm	吸收值(A)	$h\nu$	$(\alpha h\nu)^2$

【思考题】

1. 从吸收系数随波长的变化如何判断半导体材料的能带结构?

2. 通过什么技术途径可以实现材料的紫外探测? 超宽禁带半导体材料氧化镓为什么是日盲紫外探测较为理想的候选材料?

【相关知识链接】

氧化锌为白色粉末或六角晶系结晶体。无嗅无味,无砂性。受热变为黄色,冷却后重又变为白色加热至 1800 ℃时升华。遮盖力是二氧化钛和硫化锌的一半。着色力是碱式碳酸铅的 2 倍。溶解性:溶于酸、浓氢氧化碱、氨水和铵盐溶液,不溶于水、乙醇。

氧化锌是一种著名的白色的颜料,俗名叫锌白。遇到 H_2S 气体不变黑,因为 ZnS 也是白色的。在加热时,ZnO 由白、浅黄逐步变为柠檬黄色,当冷却后黄色便退去,利用这一特性,把它掺入油漆或加入温度计中,做成变色油漆或变色温度计。因 ZnO 有收敛性和一定的杀菌能力,在医药上常调制成软膏使用,ZnO 还可用作催化剂。

人类很早便学会了使用氧化锌作涂料或外用医药,但人类发现氧化锌的历史已经很难追溯。罗马人早在公元前 200 年便学会用铜和含氧化锌的锌矿石反应制作黄铜。公元 12 世纪起,印度人认识了锌和锌矿,并开始用原始的方式冶锌。冶锌技术在 17 世纪传入中国。1743 年,英国布里斯托尔建立了欧洲第一个锌冶炼工厂。氧化锌的另一主要用途是用作涂料,1834 年,首次成为水彩颜料,但其难溶于油。1845 年,勒克莱尔开始在巴黎大规模生产锌白油画颜料,到 1850 年,氧化锌在整个欧洲流行开来。氧化锌的纯净度很高,以至于在 19 世纪末,一些艺术家在画上涂满锌白作为底色,然而这些画作经过百年后都出现了裂纹。在 20 世纪后半期,氧化锌多用在橡胶工业。在 20 世纪 70 年代,氧化锌的第二大用途是复印纸添加剂,但在 21 世纪氧化锌作复印纸添加剂的做法已经被淘汰。岛根大学中村守彦教授领导的研究小组合成了直径约 10 nm 的氧化锌微粒,并通过特殊处理使微粒具备荧光物质的特性。这种纳米粒子发光比较稳定,发光时间可持续 24 h 以上,但生产成本不到绿色荧光蛋白的百分之一。2008 年,研究人员给实验鼠喂食结合了这种粒子的蛋白质,成功拍摄到粒子在实验鼠体内发光的影像。其发光稳定且安全,可应用于尖端医疗领域。

实验十九　表面衰减全反射红外光谱的测定

【实验目的】

1. 掌握红外光谱表面衰减全反射附件的测定方法。
2. 理解表面衰减全反射红外测定方法的工作原理。

【主要仪器和试剂】

仪器:傅里叶变换红外光谱仪,衰减全反射附件。

试剂:适用范围的粉末、固体块状样品和液体样品。

【实验原理】

常规的透射式红外光谱以透过样品的干涉辐射所携带的物质信息来分析该物质,要求样品的红外线通透性好。但很多物质如纤维橡胶等都是不透明的,难以用透射式红外光谱来测量,另外有时人们对分析物表面感兴趣,在这些情况下,红外反射就成为有力的分析工具。

反射光谱包括内反射光谱、镜反射光谱和漫反射光谱,其中以内反射光谱技术应用最多。内反射光谱也叫衰减全反射光谱,简称 ATR 谱,它以光辐射两种介质的界面发生全内反射为基础。如实验图 18 所示,当满足条件:样品 1(反射元件)的折射率 n_1 大于样品 2(样品)的折射率 n_2,即从光密介质进入到光疏介质,并且入射角 θ 大于临界角 θ_c ($\sin\theta_c = n_2/n_1$)时,就会发生全反射。

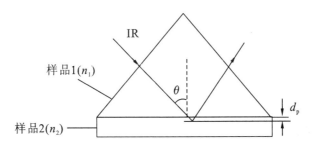

实验图 18　红外光在界面处发生全反射

由于绝大多数有机物的折射率在 1.5 之下,因此根据 $n_1 > n_2$ 要求,要获得衰减全反射谱图需要样品折射率大于 1.5 的红外透过晶体,常用的 ATR 晶体材料有:KRS－5、锗(Ge)、硒化锌 ZnSe、氯化银(AgCl)、溴化银(AgBr)、硅(Si)等,尤其前两种应用最多。通

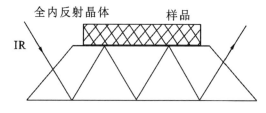

常将 ATR 晶体做成菱形体,样品可以放到两个较大的侧面上。晶体的集合尺寸受到全反射次数和光谱仪光源光斑大小的约束。

如果在入射辐射的频率范围内有样品的吸收区,则部分入射辐射被吸收,在反射辐射中相应频率的部分形成吸收带,这就是 ATR 谱。

实际上,红外辐射被样品表面反射时,是穿透了样品表面一定深度后才反射出来的。根据麦克斯韦理论,当一红外束进入样品表面后,辐射波的电场强度衰减至表面出的 $1/e$ 时,该红外束穿透的距离被定义为穿透深度 d_p,即

$$d_p = \frac{\lambda_1}{2\pi \sqrt{(2\sin^2\theta - (n_2/n_1)^2)}} \tag{38}$$

式中:λ_1 为红外辐射在反射介质中的波长;θ 为入射角;n_1、n_2 分别为晶体材料和试样的折射率。

由式(38)可知,穿透深度 d_p 被光束的波长、反射材料和样品的折射率及入射角三个因素影响。常用中红外辐射波长在 $2.5 \sim 25$ μm($4000 \sim 400$ cm^{-1})之间,d_p 与 λ_1 同数量级,这说明 ATR 谱仅能提供据界面微米级或更薄层的光谱信息。d_p 与 λ_1 成正比。不同波长的 IR 光透入样品层的深度不同,在长波穿透深度大,因此 ATR 谱在不同波数区间灵敏度也不相同。在长波处吸收峰因透入深度大而使峰强增大,在短波处吸收峰较弱,这是 ATR 谱与透射谱的主要区别,这也是 ATR 谱在短波区域灵敏度低的原因。

当光束在棱镜与样品的接口上的入射角非常接近临界角时,穿透深度将极迅速地增大,而在入射角远远大于临界角时,穿透深度的变化则较为缓慢。但当小于临界角时,几乎所有能量都进入样品。ATR 晶体反射面与样品的接触效果也是与穿透深度有关的重要因素。尽可能使样品与 ATR 晶体的反射面严密接触,提高接触效率,是获得高质量 ATR 谱的重要条件。

实验图 19 多重内反射的形成

经过一次衰减全反射,光透过样品深度有限,样品对光吸收较少,因此光束能量变化也很小,所以光谱吸收带弱,信噪比差。为了增强吸收峰强度,提高测试过程中的信噪比,现代 ATR 附件多采用增加全反射次数使吸收光谱带增强,这就是所谓的多重衰减全反射,如实验图 19 所示。红外辐射束投射到一梯形反射元件上,经过 $20 \sim 50$ 次全内反射,因而在样品中的总穿透深度大大增加,可以获得令人满意的谱图。通常用式(39)来计算反射次数 N,即

$$N = \frac{l}{d}\cot\theta \qquad\qquad (39)$$

式中:l 为全反射晶体的长度;d 为两个反射面间的距离;θ 为入射角。

全反射附件中使用 ATR 晶体的长度晶面间距 d 是固定的,而入射角可在一定范围内变化。由式(39)可知,减少入射角能够增加全反射次数,使光束和样品作用次数增加,也就加大了光程,因此可以提高信号测试强度。

【实验步骤】

固体样品:

1. 打开红外光谱仪并稳定 5 min,进入对相应的计算机工作站。

2. 点"基底",扫空白,主要除去空气的影响。

3. 把固体样品放在样品台上,单击"扫描",压力需要自己设定,一般为 80 左右,共扫描 4 次,信号稳定,再次单击"扫描",待扫描结束,谱图确定。

4. 点"处理"——"基线修正"——"平滑"。

5. 保存数据。

6. 整理工作台,保持干净整洁。

液体样品:

1. 打开红外光谱仪并稳定 5 min,进入对相应的计算机工作站。

2. 点"基底",扫空白,主要除去空气的影响。

3. 把液体样品滴在样品台上,单击"扫描",预览扫描 4 次,信号稳定,再次单击"扫描",待扫描结束,谱图确定。

4. 点"处理"——"基线修正"——"平滑"。

5. 保存数据。

6. 整理工作台,保持干净整洁。

【实验数据记录及处理】

分别将所获得的固体和液体样品的谱图进行 ATR 校正和谱图处理,找出吸收峰的归属,解析谱图,并打印结果。

实验表 30　特征吸收峰记录

特征吸收峰位置	对应的官能团

【思考题】

1. 为什么衰减全反射不适用于多孔样品和表面粗糙样品的测定?

2. 比较 ATR 与透射红外光谱法。

【相关知识链接】

衰减全反射光谱测定通过样品表面的反射信号获得样品表层有机成分的结构信息,它具有以下特点:

1. 制样简单,无破坏性,对样品的大小、形状、含水量没有特殊要求。

2. 可以实现原位测试实时跟踪。

3. 检测灵敏度高,测量区域小,检测点可为数微米。

4. 能得到测量位置处物质分子的结构信息某化合物或官能团空间分布的红外光谱图像,微区的可见显微图像。

5. 能进行红外光谱数据库检索以及化学官能团辅助分析,确定物质的种类和性质。

6. 操作简便,自动化程度高,可用计算机进行选点、定位、聚集、测定。

实验二十　有机元素分析

【实验目的】

1.掌握有机元素分析的原理。

2.掌握有机元素分析仪的一般操作,并对已知样品以及待测样品进行元素分析。

【主要仪器和试剂】

仪器:Vario EL Ⅲ型元素分析仪、百万分之一电子分析天平、装样盒(锡箔)、镊子、样品勺、粉末刷、样品盘(80 格)。

试剂:氮气(99.995%)、氧气(99.995%)、乙酰苯胺、待测样品。

【实验原理】

元素分析仪是用来测定物质的组成、结构和某些物理特性的仪器。目前已广泛使用在冶金、矿产、机械、铸造、化工等工矿企业以及科研院所和技术质量监督部门。材质分析包括定性分析、定量分析、结构分析、化学特定和某些物理特性的分析检验。元素的一般分析法有化学法、光谱法、能谱法等。

Vario EL Ⅲ型元素分析仪是以托马斯高温分解原理为基本原理,所谓托马斯高温原理是指 1831 年法国化学家 Jean Baptiste Dumas 首创一种实用定氮法。这种方法是在燃烧管的前端有碳酸铅,在试样分解前,加热碳酸铅,使其分解放出的二氧化碳完全排除燃烧管中的空气试样与 CuO 燃烧后,生成的气体借助 $PbCO_3$ 分解产生的 CO 气流赶到立于汞槽内装有 KOH 溶液的集气量筒中。燃烧时,偶尔有部分氮转化为氮的氧化物,它们在通过红热的铜粉后被还原,这样有机物中的氮全部被还原为 N_2。通过测定 N_2 的体积,便可得到有机物中的含氮量。现代元素分析仪具有自动在线测定和计算特点,可提供数据处理、计算、报告、打印及存储等功能。仪器有 CHN 模式、CHNS 模式和 O 模式 3 种工作模式,主要测定固体样品,仪器状态稳定后,可实现每 9 min 即可完成一次样品测定,同时给出所测定元素在样品中的百分含量,且仪器可自动连续进样。该仪器具有所需样品量少(几毫克)、分析速度快、适合进行大批量分析的特点。

工作原理:主要利用高温燃烧法和示差热导方法来分析样品中常规有机元素含量。有机物中常见的元素有碳(C)、氢(H)、氧(O)、氮(N)、硫(S)等。在高温有氧条件下,有机物经精确称量后(用百万分之一电子分析天平称取),由自动进样器自动加入到工作模式热解—还原管,在氧化剂、催化剂以及对应的工作温度共同作用下,样品充分燃烧,其中的有机元素分别转化为相应稳定形态,如 CO_2、H_2O、N_2 等。

$$C_xH_yN_zS_t + uO_2 \longrightarrow xCO_2 + y/2H_2O + z/2N_2 + tSO_2$$

因此,在已知样品质量的前提下,通过热导仪测定样品完全燃烧后生成气态产物的多少进行换算即可求得试样中各元素的含量。

【实验步骤】

1. 开机前准备

(1)硬件检查

CHN 模式的 SO_2 和 H_2O 的柱入口处要交换连接,或将原 SO_2 的入口处的接头移至 H_2O 的入口处,其余都用堵头密封,防止吸潮。

(2)包样

用锡箔小盒分别包裹 1 个运行样、3 个标准样和待测样品,要求包裹严实整齐。包样重量为运行样:3.5~5 mg;标准样:3.5~3.6 mg;待测样品:3.5~5 mg。

2. 开机

(1)准备

将仪器后部尾气上两个堵头拔出。

(2)联机

开启仪器电源,将自动进样盘拿下,并将自动进样盘底部的孔位恢复到原点(0 位);等自动进样器托盘自检完毕(自转一周),将调整好的自动进样盘放到托盘上。

打开仪器操作软件,如果打开软件后右下角显示的是 OFF – LINE,则说明软件和仪器联机不成功。这时候可关闭软件,重新开启软件。如果右下角显示 HEATING UP,则表示联机成功。

(3)检漏

若刚开机可通过 Options ——Parameter 命令将三个炉温设置为 0℃后确定。然后用堵头将仪器后尾气口堵住。单击 Options ——Miscellaneous ——Rough Leak Check,等到提示窗口出现以后,将两个勾都勾上,单击 OK,之后会跳出一个显示框,计算方法为(第一行预测值 – 第二行即时值 = 差值 < 0.15),一般检测到 60% 即可,然后点 Cancel,点 OK,跳出提示框,再将两个勾都勾上,点 OK。最后将仪器尾部两个堵头拔出。

(4)操作参数设定

标准操作参数大部分已在出厂时设置好了,不必改变;在菜单 Options ——Parameters 设定加热温度:

CHNS/CNS/S 模式:炉 1 温度为 1150 ℃;炉 2 温度为 850 ℃;炉 3 温度为 0 ℃。

CHN /CN/N 模式:炉 1 温度为 950 ℃;炉 2 温度为 500 ℃;炉 3 温度为 0 ℃。

O 模式:炉 1 温度为 1150 ℃;炉 2 温度为 0 ℃;炉 3 温度为 0 ℃。

3. 常规分析

(1) 样品重量和名称的输入

Edit ——→Input 或将鼠标键移至菜单的 Name 下双击。

(2) 建议样品测定顺序（CHN 模式）

1 个 RUN – IN（乙酰苯胺，约 3.5～5.0 mg）

3 个 ACTE（乙酰苯胺，称重，约 3.5～3.6 mg）

20 个样品（根据样品性质称重，约 3.5～5.0 mg）

2 个 ACTE（乙酰苯胺，称重，约 3.5～3.6 mg）

20 个样品（根据样品性质称重，约 3.5～5.0 mg）

2 个 ACTE（乙酰苯胺，称重，约 2～3 mg）

20 个样品（根据样品性质称重，约 3.5～5.0 mg）

若使用 CHNS 模式，则应用氨基苯磺酸作标样（Sul），若煤的测定可选煤标样。

(3) 进样

将运行样、标样和待测样品按软件上的样品编号放置在对应的自动进样器空位上。

4. 数据保存

当校正因子数据做出来后，先将数据打上标签（单击鼠标右键）；单击 Math ——→Factor，这样校正因子就计算好了，显示数据为校正过的含量，保存数据。注意：要恢复原来的数据请不要在打标签的情况下单击 Math ——→Factor。

5. 关机顺序

分析结束后，主机自动进入睡眠状态，待降温至 300 ℃以下，退出操作软件（View ——→End，System ——→Offline），关闭计算机，关闭仪器电源，关闭氦气和氧气，将主机尾气的两个出口堵住。

【实验数据记录及处理】

实验表 31 乙酰苯胺

已知样品	C	H	O	N
百分含量				
原子个数比				
实验式				

实验表 32　待测样品

未知样品	C	H	O	N	S
百分含量					
原子个数比					
实验式					

【思考题】

1. 怎样降低实验的系统误差?

2. 常见有机元素的测定除了仪器法,是否还有其他方法? 不同方法各有什么优缺点?

【相关知识链接】

乙酰苯胺,学名 N–苯(基)乙酰胺,白色有光泽片状结晶或白色结晶粉末,是磺胺类药物的原料,可用作止痛剂、退热剂、防腐剂和染料中间体。其结构式和三级模型如下:

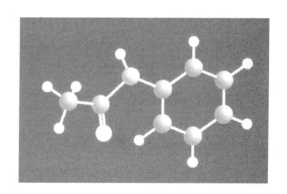

乙酰苯胺用来制造染料中间体对硝基乙酰苯胺、对硝基苯胺和对苯二胺。在第二次世界大战的时候大量用于制造对乙酰氨基苯磺酰氯。乙酰苯胺也用于制硫代乙酰胺。在工业上可作橡胶硫化促进剂、纤维脂涂料的稳定剂、过氧化氢的稳定剂,以及用于合成樟脑等。还用作制青霉素 G 的培养基。

作为上一代的止痛剂、退热剂,由于具有低毒性,现已被新一代乙酰类药物取代,比如对乙酰氨基酚、乙酰氨基酚。

实验二十一 食物中微量元素分析

【实验目的】

1.进一步熟悉和掌握原子吸收分光光度计的工作原理和使用方法。

2.掌握原子吸收法测定食物中微量元素含量的方法。

3.学习和掌握样品的干灰化技术和湿消化法。

【主要仪器和试剂】

仪器:原子吸收分光光度计、瓷坩埚、马弗炉。

试剂:磷酸(1 + 10):量取 10 mL 磷酸,加到适量水中,再稀释至 110 mL。

盐酸(1 + 11):量取 10 mL 盐酸,加到适量水中,再稀释至 120 mL。

锌标准溶液:称取 0.5 g 金属锌(99.99%),溶于 10 mL 盐酸中,然后在水浴上蒸发至近干,用少量水溶解后移入 1000 mL 容量瓶中,以水稀释至刻度,贮存于聚乙烯瓶中,此溶液每毫升相当于 0.50 mg 锌。

锌标准使用液:吸取 10.0 mL 锌标准溶液,置于 50 mL 容量瓶中,以盐酸(0.1 mol/L)稀释至刻度,此溶液每毫升相当于 0.10 mg(100 μg)锌。

【实验原理】

原子吸收分光光度法的测量对象是呈原子状态的金属元素和部分非金属元素,是由待测元素灯发出的特征谱线通过供试品经原子化产生的原子蒸气时,被蒸气中待测元素的基态原子所吸收,通过测定辐射光强度减弱的程度,求出供试品中待测元素的含量。原子吸收一般遵循分光光度法的吸收定律,通常借比较对照品溶液和供试品溶液的吸光度,求得供试品中待测元素的含量。

由于食物样品的复杂性和不均匀性,在进行食物中微量元素的原子吸收分光光度测量前,常将样品转化为透明澄清的溶液,一般采用干式灰化法和湿式消化法。

干式灰化法是将试样置于马弗炉中加高温(500 ~ 550 ℃)分解,有机物燃烧后留下的无机残渣以酸提取后制备成分析试液。该法具有设备简单、操作方便、适用于少量试样的分析等优点,但不适于易挥发的被测成分的样品;样品灰化时所用助灰剂不能含有被测元素和干扰物;加热时要缓慢,以防喷溅损失;测定氟时要选用无氟高温炉,防止高温炉内耐火材料由于加热分解作用释放微量的氟。

湿式消化法一般常用硝酸高氯酸和硝酸过氧化氢两组试剂进行样品消化。该法具有被测元素损失少、易挥发元素也不易损失、适用面广、试剂易得、不需特殊设备等优点。但易带入污染,比干法操作麻烦,技术要求高,操作中有一定危险;所用试剂必须是优级纯或经纯化处理;使用高氯酸、过氧化氢时,要小心,防止爆炸;一般样品,尤其是含糖量高的样品最好先进行冷消化处理。

样品处理后均可以应用原子吸收分光光度法测定其微量元素的含量,每种微量元素经原子化后能够吸收其特定波长的光能,而吸收的能量值与该光路中该元素的原子数目成正比。更换不同的光源,用特定波长的光照射这些原子,测量该波长的光被吸收的程度,用标准溶液制成校正曲线。根据被吸收的光量即可求出被测元素的含量。

本试验以食品中微量元素锌的测定为例进行介绍。样品经处理后,导入原子吸收分光光度计中,原子化后,吸收213.8 nm 共振线,其吸收值与锌量成正比,与标准系列比较定量。最低检出浓度为 0.4 mg/kg。

【实验步骤】

1. 样品处理

(1)谷类

去除其中杂物及尘土,磨碎,过40目筛,混匀。称取 5.00～10.00 g 置于 50 mL 瓷坩埚中,小火炭化至无烟后移入马弗炉中,500 ℃灰化约 8 h 后,取出坩埚,放冷后再加入少量混合酸,小火加热,不使干涸,必要时加少许混合酸,如此反复处理,直至残渣中无炭粒,待坩埚稍冷,加 10 mL 盐酸(1 + 11),溶解残渣并移入 50 mL 容量瓶,再用盐酸(1 + 11)反复洗涤坩埚,洗液并入容量瓶中,并稀释至刻度,混合备用。

取与样品处理相同量的混合酸和盐酸(1 + 11),按同一操作方法做试剂空白试验。

(2)蔬菜、瓜果及豆类

取可食部分洗涤晾干,充分切碎或打碎混匀。称取 10.00～20.00 g,置于瓷坩埚,加 1 mL 磷酸(1 + 10),小火炭化,以下按第(1)条自"至无烟后移入马弗炉中"起,依法操作。

(3)禽、蛋、水产及乳制品

取可食部分充分混匀。称取 5.00～10.00 g,置于瓷坩埚中,小火炭化,以下按第(1)条自"至无烟后移入马弗炉中"起,依法操作。

乳类经混匀后,量取 50 mL,置于瓷坩埚中,加 1 mL 磷酸(1 + 10),在水浴上蒸干,再小火炭化,以下按第(1)条自"至无烟后移入马弗炉中"起,依法操作。

2. 锌标准溶液和样品溶液测定

测定吸取 0.00、0.10、0.20、0.40、0.80 mL 锌标准使用液,分别置于 50 mL 容量瓶中,以盐酸(1 mol/L)稀释至刻度,混匀。分别得到 0.0、0.2、0.4、0.6、0.8、1.6 μg/mL 锌标准溶液。

将处理后的样液、试剂空白液和各容量瓶中锌标准溶液分别导入调至最佳条件的火焰原子化器进行测定。参考测定条件:灯电流 3~6 mA,波长 213.8 nm,狭缝 0.38 nm,空气流量 10 L/min,乙炔流量 2.3 L/min,灯头高度 3 nm,氘灯背景校正。由于仪器的型号等原因,上述测定条件仅供参考。

【实验数据记录及处理】

以锌含量对应吸光值,绘制标准曲线或计算直线回归方程,样品吸光值与曲线比较或代入式(40)求出含量。

$$X = \frac{(A_1 - A_2)V \times 1000}{m \times 1000} \tag{40}$$

X ——样品中锌的含量(mg/kg 或 mg/L);

A_1 ——测定用样品液中锌得含量(μg/mL);

A_2 ——试剂空白液中锌的含量(μg/mL);

m ——样品质量(g);

V ——样品处理液的总体积(mL)。

【思考题】

1. 原子吸收光谱分析为何要用待测元素的空心阴极灯做光源?
2. 标准溶液系列配置对实验结果有无影响?为什么?

【相关知识链接】

人体作为一个有机生命体,几乎含有自然界存在的所有化学元素。其中碳、氢、氧和氮构成约占体重96%的有机物和水,其余的无机元素为矿物质(无机盐)。除有机物和水外,成人体重的4%(约1.7 kg)是由50余种不同的无机盐组成,目前已有21种被证实为人类营养所必需,在机体中含量大于0.01%或膳食中摄入量大于100 mg/d的元素称为常量元素,如钙、磷、硫、钾、钠、氯、镁,约占人体总灰分的60%~80%;另一些体内含量和每日膳食摄入量低于此值的称为微量元素,共有14种,包括铁、锌、碘、硒、镍、钼、氟、铜、钴、铬、锰、硅、锡、钒。微量元素在人体内含量虽然极微小,但具有强大的生物学作用,它们参与酶、激素维生素和核酸的代谢过程。其生理功能主要表现为:协助输送宏量元素;作为酶的组成成分或激活剂;在激素和维生素中起独特作用;影响核酸代谢等。

实验二十二　凝胶渗透色谱法测定聚苯乙烯相对分子质量分布

【实验目的】

1. 熟悉凝胶渗透色谱的基本原理。
2. 了解凝胶渗透色谱的仪器的构造和操作技术。
3. 掌握凝胶渗透色谱测定聚苯乙烯样品的分子量及其分布的方法。

【主要仪器和试剂】

仪器:组合式 GPC/SEC 仪(美国 Waters 公司),分析天平,微孔过滤器,配样瓶,注射针筒。

试剂:淋洗液(溶剂):四氢呋喃(AR),重蒸后用 0.45 μm 孔径的微孔滤膜过滤;被测样品:悬浮聚合的聚苯乙烯;标准样品:分子量窄分布的聚苯乙烯。

【实验原理】

凝胶渗透色谱(Gel Permeation Chromatography,简称 GPC),也称为体积排除色谱(Size Exclution Chromatograph,简称 SEC)是一种液相色谱。和各种类型的色谱一样,GPC/SEC 的作用主要是分离,其分离对象是同一聚合物中不同分子量的高分子组分。当样品中不同分子量的高分子组分的分子量和含量被确定,也就找到了聚合物的分子量分布,然后可以很方便地对分子量进行统计,得到各种平均值。

GPC/SEC 是根据溶质体积的大小,在色谱中体积排除效应即渗透能力的差异进行分离。高分子在溶液中的体积决定于分子量、高分子链的柔顺性、支化、溶剂和温度,当高分子链的结构、溶剂和温度确定后,高分子的体积主要依赖于分子量。

凝胶渗透色谱的固定相是多孔性微球,可由交联度很高的聚苯乙烯、聚丙烯酸酰胺、葡萄糖和琼脂糖的凝胶以及多孔硅胶、多孔玻璃等制备。色谱的淋洗液是聚合物的溶剂。当聚合物溶液进入色谱后,溶质高分子向固定相的微孔中渗透。由于微孔尺寸与高分子的体积相当,高分子的渗透概率取决于高分子的体积,体积越小渗透概率越大,随着淋洗液流动,它在色谱中走过的路程就越长,用色谱术语就是淋洗体积或保留时间增大。反之,高分子体积增大,淋洗体积减小,因而达到依高分子体积进行分离的目的。基于这种分离机理,GPC/SEC 的淋洗体积是有极限的。当高分子体积增大到已完全不能向微孔渗透,淋洗体积趋于最小值,为固定相微球在色谱中的粒间体积。反之,当高分子体积减小到对微孔的渗透概率达到最大时,淋洗体积趋于最大值,为固定相的总体积与粒间体积之和,因此只有高分子的体积居两者之间,色谱才会有良好的分离作用。对一般色谱分辨率和分离效率的评定指标,在凝胶渗透色谱中也延用。

色谱需要检测淋出液中的含量,因聚合物的特点,GPC/SEC 最常用的是示差折光指数检测器。其原理是利用溶液中溶剂(淋洗液)和聚合物的折光指数具有加和性,而溶液折光指数随聚合物浓度的变化量值一般为常数,因此可以用溶液和纯溶剂折光指数之差(示差折光指数)作为聚合物浓度的响应值。对于带有紫外线吸收基团(如苯环)聚合物,也可以用紫外吸收检测器,其原理是根据比尔定律吸光度与浓度成正比,用吸光度作为浓度的响应值。

实验图 20 是 GPC/SEC 的构造示意图,淋洗液通过输液泵成为流速恒定的流动相,进入紧密装填多孔性微球的色谱柱,中间经过一个可将溶液样品送往体系的进样装置。聚合物样品进样后,淋洗液带动溶液样品进入色谱柱并开始分离,随着淋洗液的不断洗涤,被分离的高分子组分陆续从色谱柱中淋出。浓度检测器不断检测淋洗液中高分子组分的浓度响应,数据被记录,最后得到一张完整的 GPC/SEC 淋洗曲线,如实验图 21。

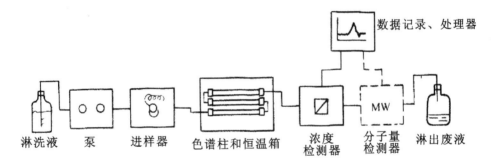

实验图 20　GPC/SEC 的构造

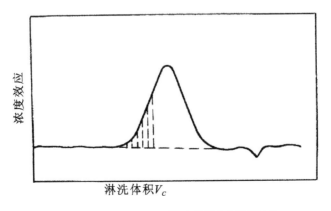

实验图 21　GPC/SEC 淋洗曲线和"切割法"

淋洗曲线表示 GPC/SEC 对聚合物样品依高分子体积进行分离的结果,并不是分子量分布曲线。实验证明淋洗体积和聚合物分子量的关系为:

$$\ln M = A - BV_e \quad \text{或} \quad \log M = A' - B'V \tag{41}$$

式中,M 为高分子组分的分子量,A、B(或 A'、B')与高分子链结构、支化以及溶剂温度等影响高分子在溶液中的体积的因素有关,也与色谱的固定相、体积和操作条件等仪器因素有关,因此式(41)称为 GPC/SEC 的标定(校正)关系。式(41)的适用性还限制在色谱固定相渗透极限以内,也就是说分子量过高或太低都会使标定关系偏离线性。一般需要用一组已知分子量的窄分布的聚合物标准样品对仪器进行标定,得到在指定实验条件,适用于结构和标样相同的聚合物的标定关系。

GPC/SEC 的数据处理,一般采纳用"切割法"。在谱图中确定基线后,基线和淋洗曲线所包围的面积是被分离后的整个聚合物,依横坐标对这块面积等距离切割。切割的含义是把聚合物样品看成由若干个具有不同淋洗体积的高分子组分所组成,每个切割块的归一化面积(面积分数)是高分子组分的含量,切割块的淋洗体积通过标定关系可确定组分的分子量,所有切割块的归一化面积和相应的分子量列表或作图,得到完整的聚合物样品的分子量分布结果。因为切割是等距离的,所以用切割块的归一化高度就可以表示组分的含量。切割密度会影响结果的精度,当然越高越好,但一般认为,一个聚合物样品切割成 20 块以上,对分子量分布描述的误差已经小于 GPC/SEC 方法本身的误差,当用计算机记录、处理数据时,可设定切割成近百块。用分子量分布数据,很容易计算各种平均分子量,以 $\overline{M}_n$ 和 $\overline{M}_w$ 为例:

$$\overline{M}_n = \left(\sum_i W_i / M_i \right)^{-1} = \sum_i H_i / \sum_i \left(\frac{H_i}{M_i} \right) \tag{42}$$

$$M_W = \sum_i W_i M_i = \sum_i H_i M_i / \sum_i H_i \tag{43}$$

式中,H_i 是切割块的高度。

实际上 GPC/SEC 的标定是困难的,因为聚合物标样来之不易。商品标样品种不多且价格昂贵,一般只用聚苯乙烯标样,但聚苯乙烯的标定关系并不适合其他聚合物。研究者从分离机理和高分子体积与分子量的关系,发现了 GPC/SEC 的普适校正关系:

$$\ln M[\eta] = A_u - B_u V_e \quad \text{或} \quad \log M[\eta] = A_u' - B_u'V_e \tag{44}$$

式中,$[\eta]$ 是高分子组分的特性粘数,A_u、B_u(或 A_u'、B_u')为常数,这两个常数不再和高分子链结构、支化有关,式(44)中为仅与仪器、实验条件有关而对大部分聚合物普适的校正关系。$[\eta]$ 可用 Mark - Houwink 方程代入,通过手册查找常数 K、α。

目前,GPC/SEC 的分子量在线检测技术,比较成熟的是光散射和特性粘数检测,前者检测淋洗液的瑞利比,直接得到高分子组分的分子量;后者则检测淋洗液的特性粘数,利用普适校正关系来确定组分的分子量。此外,利用分子量响应检测器,还能得有关高分子结构的其他信息,使凝胶渗透色谱的作用进一步加强。

实验二十二　凝胶渗透色谱法测定聚苯乙烯相对分子质量分布

【实验步骤】

1. 样品配制

选取 10 个不同分子量的标样,按分子量顺序 1、3、5、7、9 和 2、4、6、8、10 分为两组,每组标样分别称取约 2 mg 混在一个配样瓶中,用注射器注入约 2 mL 溶剂,溶解后用装有 0.45 μm 孔径的微孔滤膜的过滤器过滤。

在配样瓶中称取约 4 mg 被测样品,注入约 2 mL 溶剂,溶解后过滤。

2. 仪器观摩

了解 GPC/SEC 仪各组成部分的作用和大致结构,了解实验操作要点。接通仪器电源,设定淋洗液流速为 1.0 mL/min、柱温和检测温度为 30 ℃。了解数据处理系统的工作过程,数据处理由人工完成,以便加深对分子量分布的概念和 GPC/SEC 的认识。

3. GPC/SEC 的标定

待仪器基线稳定后,用进样注射器先后将两个混合标样溶液进样,进样量为 100 μL,等待色谱淋洗,最后得到完整的淋洗曲线。从两张淋洗曲线确定共 10 个标样的淋洗体积。

4. 样品测定

同上法,将样品溶液进样,得到淋洗曲线后,确定基线,用"切割法"进行数据处理,切割块数应在 20 以上。

【实验数据记录及处理】

1. GPC/SEC 的标定

标样＿＿＿＿＿＿＿＿＿　　浓度＿＿＿＿＿＿＿＿＿

淋洗液＿＿＿＿＿＿＿＿＿　　流速＿＿＿＿＿＿＿＿＿

色谱柱＿＿＿＿＿＿＿＿＿　　柱温＿＿＿＿＿＿＿＿＿

进样量＿＿＿＿＿＿＿＿＿

实验表 33　标准样品的淋洗体积

标样序号	分子量	淋洗体积
1		
2		
...		

作 logm – Ve 图得 GPC/SEC 标定关系。

2. 样品测定

标样_____ 浓度_____

淋洗液_____ 流速_____

色谱柱_____ 柱温_____

进样量_____

实验表 34 样品测定数据记录

切割块号	V_{ei}	H_i	M_i	H_iM_i	H_i/M_i
1					
2					
3					
…					
…					

计算 $\sum\limits_i H_i$、$\sum\limits_i H_iM_i$ 和 $\sum\limits_i (H_i/M_i)$，根据式(42)、式(43)算出样品的数均和重均分子量，并计算多分散系数 $d = M_W/M_n$。

【思考题】

1. 高分子的链结构、溶剂和温度为什么会影响凝胶渗透色谱的校正关系？

2. 为什么在凝胶渗透色谱实验中，样品溶液的浓度不必准确配制？

3. 普适校正原理更适用于测定线性和无规则团形状的高分子，为什么对长支链的高分子或棒状刚性的高分子的普适性还有待研究？

【相关知识链接】

高聚物的分子量及分子量分布，是研究聚合物及高分子材料性能的最基本数据之一。它涉及高分子材料及其制品的力学性能，高聚物的流变性质，聚合物加工性能和加工条件的选择，也是在高分子化学、高分子物理领域对具体聚合反应，具体聚合物的结构研究所需的基本数据之一。聚合物分子量的测定方法概括如下：

1. 黏度法测相对分子量（粘均分子量 M_η）

用乌式黏度计测高分子稀释溶液的特性粘数 $[\eta]$，根据 Mark – Houwink 公式 $[\eta] = kM^\alpha$，从文献或有关手册查出 k、α 值，计算出高分子的分子量。其中，k、α 值因所用溶剂的不同及实验温度的不同而具有不同数值。

2. 小角激光光散射法测重均分子量（M_w）

当入射光电磁波通过介质时，使介质中的小粒子（如高分子）中的电子产生强烈振动，从而产生二次波源向各方向发射与振荡电场（入射光电磁波）同样频率的散射光波。

这种散射波的强弱和小粒子(高分子)中的偶极子数量相关,即和该高分子的质量或摩尔质量有关。根据上述原理,使用激光光散射仪对高分子稀溶液测定和入射光呈小角度($2° \sim 7°$)时的散射光强度,从而计算出稀溶液中高分子的绝对重均分子量(M_w)值。采用动态光散射的测定可以测定粒子(高分子)的流体力学半径的分布,进而计算得到高分子分子量的分布曲线。

3. 凝胶渗透色谱法(GPC)

详见本实验内容。

4. 质谱法

质谱法是精确测定物质分子量的一种方法,质谱测定的分子量给出的是分子质量 m 对电荷数 Z 之比,即质荷比(m/Z),过去的质谱难于测定高分子的分子量,但近20余年由于离子化技术的发展,使得质谱可用于测定分子量高达百万的高分子化合物。这些新的离子化技术包括场解吸技术(FD),快离子或原子轰击技术(FIB 或 FAB),基质辅助激光解吸技术(MALDI – TOF MS)和电喷雾离子化技术(ESI – MS)。由激光解吸电离技术和离子化飞行时间质谱相结合而构成的仪器称为"基质辅助激光解吸 – 离子化飞行时间质谱"(MALDI – TOF MS 激光质谱)可测量分子量分布比较窄的高分子的重均分子量(M_w)。由电喷雾电离技术和离子阱质谱相结合而构成的仪器称为"电喷雾离子阱质谱"(ESI – ITMS 电喷雾质谱),可测量高分子的重均分子量(M_w)。

5. 其他方法

测定高分子分子量的其他方法还有:端基测定法、沸点升高法、冰点降低法、膜渗透压法、蒸汽压渗透法、小角中子散射法、超速离心沉降法等。

参 考 文 献

[1]孙东平,李羽让,纪明中,等.现代仪器分析实验技术:上下册[M].北京:科学出版社,2015.

[2]武汉大学化学与分子科学学院实验中心.仪器分析实验[M].武汉:武汉大学出版社,2005.

[3]武汉大学.分析化学:上册[M].6版.北京:高等教育出版社,2016.

[4]武汉大学.分析化学:下册[M].6版.北京:高等教育出版社,2018.

[5]哈格,卡尔.分析化学和定量分析[M].英文版.北京:机械工业出版社,2012.

[6]华中师范大学,等.分析化学实验[M].4版.北京:高等教育出版社,2015.

[7]陶美娟,梅坛.材料化学分析实用手册[M].北京:机械工业出版社,2016.

[8]南京大学无机及分析化学编写组.无机及分析化学实验[M].5版.北京:高等教育出版社,2015.

[9]雷秋艳,魏航,刘宝仓,等.材料化学基础实验[M].北京:化学工业出版社,2021.

[10]刘志雄,伍建华,等.材料类基础化学实验[M].北京:化学工业出版社,2010.

[11]廖晓玲,徐文峰,等.材料化学基础实验指导[M].北京:冶金工业出版社,2015.

[12]胡满成,张昕.化学基础实验[M].北京:科学出版社,2001.

[13]吴刚.材料结构表征及应用[M].北京:化学工业出版社,2019.

[14]李文友,丁飞.仪器分析实验[M].2版.北京:科学出版社,2021.

[15]刘雪静.仪器分析实验[M].北京:化学工业出版社,2019.